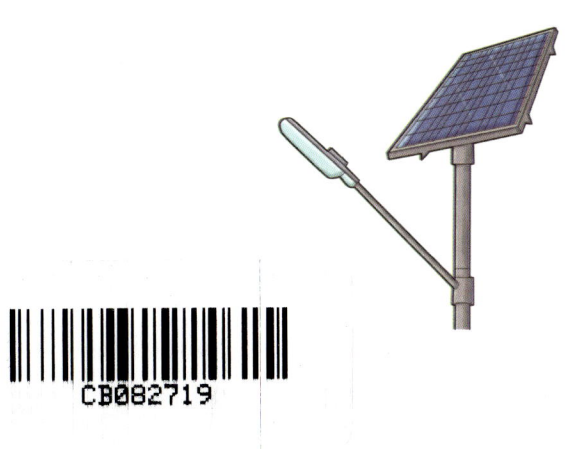

CIÊNCIAS

SUMÁRIO

O Corpo Humano 4
O Rosto 5
Rostos Diferentes 6
Nossa Mão 7
Cabeça e Cabelo 8
Paladares Diferentes 9
Nosso Nariz 10
Nossa Pele 11
Olhos Cintilantes 12
Cor dos Olhos 13
Ouvidos para Ouvir 14
Do que os Seres Vivos Precisam? 15
O que os Seres Vivos Fazem? 16
Coisas de que Precisamos para Viver 17
Ar Fresco 18
Água para Manter a Forma 19
Coisas Inanimadas 20
Equipamento de Segurança 21
Cores em Nome da Saúde 22
Junk Food X Comida Saudável 23
A Comida em nossa Boca 24
Os Germes: Sabotadores Alimentares 25
Instrumentos de Limpeza 26
Mantendo a Forma 27
Partes de uma Planta 28
Raízes que Comemos 29
Caules que Comemos 30
Folhas que Comemos 31
Frutas que Comemos 32
Flores que Comemos 33
Plantas Fracas 34
Plantas sem Clorofila 35
Plantas Grandes e Fortes 36
Plantas Montanhosas 37
Plantas Desérticas 38
Plantas ao longo dos Litorais 39
Plantas ao longo dos Pântanos 40
Plantas que Crescem na Água 41
Plantas que Comem Insetos 42
O Grande Felino 43
Aves 44
Insetos 45
Patas de Animais 46
O Feroz Tubarão 47
Animal Aquático: Camarão 48
Animal Aquático: Tartaruga Marinha 49
Animal Aquático: Espadarte 50
Animal Terrestre: Gato 51
Borboleta 52
Panda 53
Animal Extinto: Dodô 54
Animal Extinto: Dinossauro 55
Robô 56
Como as Coisas Funcionam 57
Por que os Animais se Extinguem 58
Sons Barulhentos 59
Solo Estragado 60
Tornando Verde 61
Atmosfera 62
Lixo Reciclável 63
Como uma Flor Desabrocha? 64

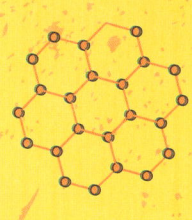

O Ciclo de Vida de uma Borboleta 65
O Ciclo de Vida de um Sapo 66
O Ciclo de Vida de uma Galinha 67
Quem Come Quem? 68
Teia Alimentar 69
Ciclo da Água 70
Sólido, Líquido, Gasoso 71
Sólidos 72
Líquidos 73
Mudanças ao nosso Redor 74
Liso ou Áspero 75
Leve ou Pesado 76
Qual Destes Pode Ser Empilhado? 77
Qual Destes Pode Deslizar? 78
Qual Destes Rola? 79
Rodas 80
Asas 81
Afundar ou Flutuar? 82
Por que um Navio não Afunda? 83
Alimento para as Plantas 84
Movimento das Raízes 85
Movimento do Caule 86
As Plantas Respiram como Nós? 87
A Germinação das Sementes 88
Novas Plantas a partir de Velhas Plantas 89
O Ninho das Aves 90
Camuflagem 91
O Movimento nos Animais 92
O Movimento nos Animais Terrestres 93
Camada Corporal – Escamas e Conchas 94

Camada Corporal – Pelos e Penas 95
O que Emite Luz? 96
Luz e Sombra 97
Instrumentos Musicais de Percussão 98
Instrumentos de Corda e Sopro 99
Órgãos Internos: Estômago e Cérebro 100
Órgãos Internos: Pulmões e Coração 101
Órgãos Internos: Intestinos e Rins 102
O Sistema Digestório 103
O Sistema Respiratório 104
O Sistema Esquelético 105
Ossos e Articulações 106
Caixa Torácica 107
Sangue 108
Medindo o Tamanho 109
Medindo o Peso 110
Medindo o Comprimento 111
Termômetro 112
Está Frio Aqui Fora! 113
Está Quente Aqui! 114
Isolamento na Casa 115
Está Chovendo 116
Quando o Vento Sopra 117
Energia Eólica 118
Energia Solar 119
Substâncias Magnéticas 120

O Corpo Humano

Ligue as partes do corpo com os nomes.

Pinte a figura.

Orelha

Boca

Cabeça

Nariz

Olho

Barriga

Mão

Perna

O Rosto

Somos identificados principalmente pelo nosso rosto.
Leia o nome das partes do rosto.

- Cabelo
- Olho
- Orelha
- Nariz
- Boca
- Pescoço

Pinte o rosto.

NOSSO CORPO

ROSTOS DIFERENTES

Todos nós temos um rosto diferente do dos outros.

Alguns rostos são redondos , alguns são ovais .

Alguns rostos são quadrados  e alguns em forma de coração .

Forma de coração

Oval

Redondo

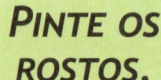

Pinte os rostos.

Quadrado

O CORPO

NOSSA MÃO

As nossas mãos nos ajudam a fazer muitas coisas. As unhas em nossas mãos crescem continuamente. Devemos cortá-las regularmente. As articulações dos dedos são mais escuras.

Pinte a figura.

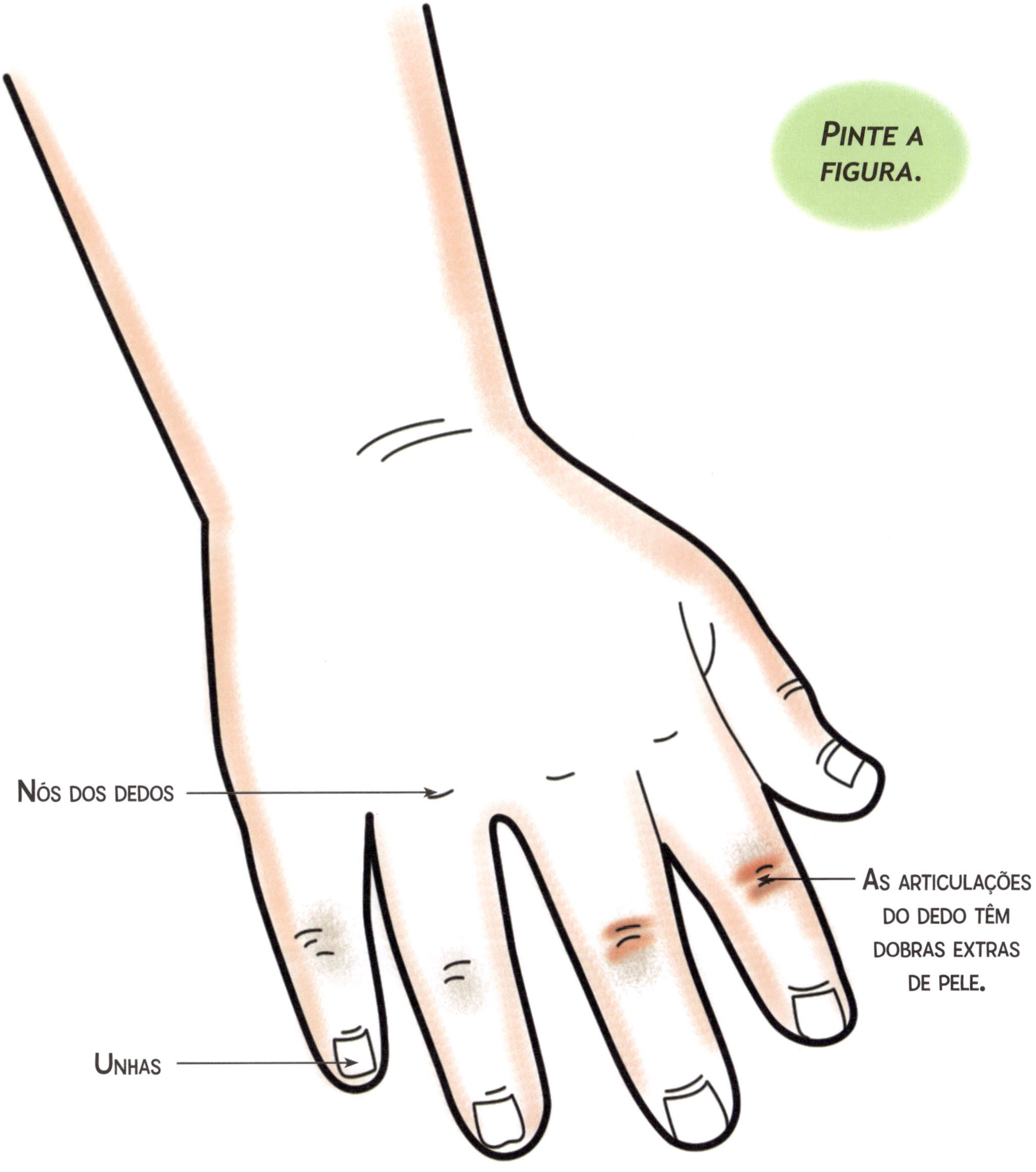

Nós dos dedos

Unhas

As articulações do dedo têm dobras extras de pele.

O CORPO

Cabeça e Cabelo

O nosso cabelo é mais escuro do que a pele por causa da produção de cor pela melanina. Algumas pessoas têm cabelo preto e, algumas, castanho. Algumas têm cabelo cacheado; outras, lisos.

Cabelo preto e liso

Cabelo cacheado e castanho

Pinte as figuras de acordo com as dicas.

Quando as pessoas envelhecem, a melanina diminui e por isso os cabelos ficam brancos!

PALADARES DIFERENTES

Existem alguns sensores ou papilas gustativas na língua que ajudam a identificar os sabores diferentes. Há sensores diferentes para diferentes sabores!

Picante

Azedo

Amargo

Doce

Salgado

Pinte as figuras e ligue-as com as palavras corretas.

OS SENTIDOS

Nosso Nariz

O nariz nos ajuda a cheirar.

> Pinte as figuras. Circule a figura da coisa que tem cheiro bom.

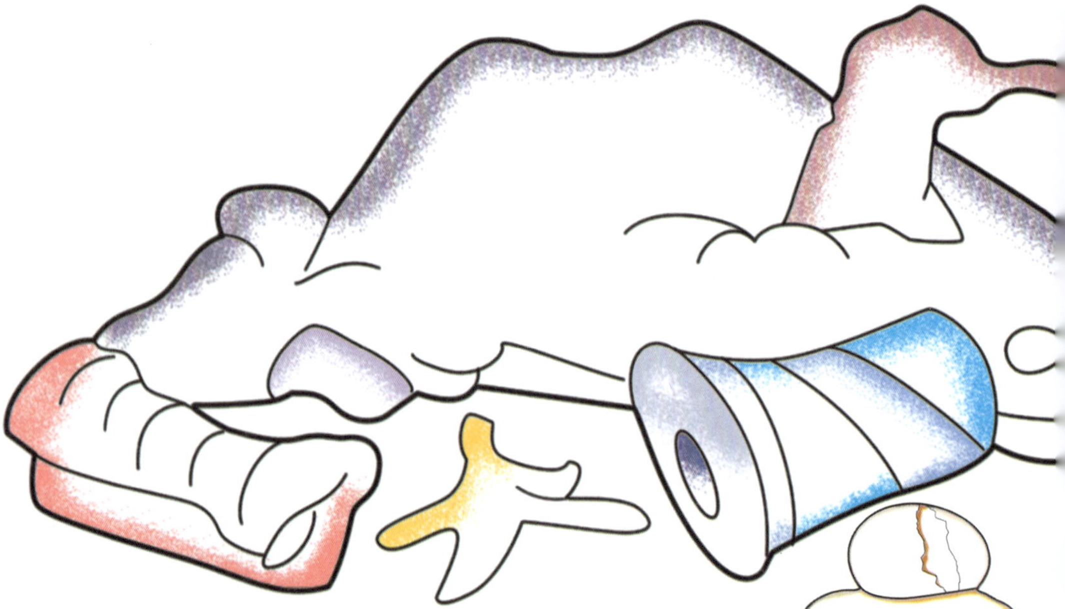

OS SENTIDOS

Nossa Pele

A pele nos ajuda a sentir as coisas.

Pinte a figura. Circule o objeto que será quente ao toque.

Existem inúmeros receptores de tato na superfície da pele. Eles nos ajudam a detectar o calor, o frio e a dor. É por isso que precisamos de uma luva de cozinha para manusear o forno.

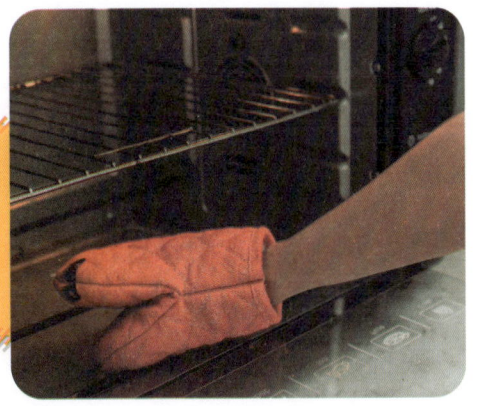

OS SENTIDOS

Olhos Cintilantes

Enxergamos com os olhos.

Pinte as coisas que Maria consegue ver.

Podemos ver todos os objetos na frente de nossos olhos. Não conseguimos ver objetos que estão atrás de nós.

OS SENTIDOS

Cor dos Olhos

O pai de Rita tem olhos castanho-claros e a mãe dela tem olhos castanho-escuros.

Pinte o rosto de Rita. De que cor são os olhos de Rita: castanho-claros ou escuros?

A parte colorida dos olhos se chama íris. As pessoas recebem a cor dos olhos de seus pais e de seus avós. Uma coisinha feito escada retorcida menor do que um pontinho chamada DNA faz isso!

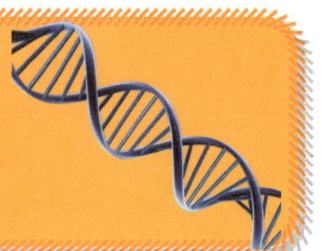

Os Sentidos

Ouvidos para Ouvir

Você consegue enxergar as coisas com os olhos fechados? Não. Mas você consegue sentir as coisas ouvindo seus sons. Você pode ouvir com os ouvidos.

O ser humano consegue ouvir a 6 metros de distância, enquanto um cachorro consegue ouvir a 24 metros de distância.

Pinte as coisas no quarto que o menino consegue nomear com certeza com os olhos fechados.

Do que os Seres Vivos Precisam?

Os seres vivos têm vida. Eles precisam de ar, comida e água.

Pinte as figuras.

Os seres vivos respiram.

Os seres vivos precisam de comida.

Os seres vivos crescem.

NECESSIDADES BÁSICAS

O QUE OS SERES VIVOS FAZEM

Os seres vivos têm muitas coisas em comum.

Pinte as figuras.

Os seres vivos se reproduzem.

Os seres vivos se movem por conta própria.

NECESSIDADES BÁSICAS

COISAS DE QUE PRECISAMOS PARA VIVER

Precisamos de água, ar, comida e sono para continuar vivendo.

Respirar ar.

Beber água.

Pinte as figuras.

Dormir e descansar.

Comer alimentos.

NECESSIDADES BÁSICAS

Ar Fresco

Precisamos de ar para respirar. Não conseguimos ver o ar, mas conseguimos senti-lo.

Pinte a figura.

O ar poluído é nocivo para a saúde. Ele prejudica os nossos pulmões. As plantas ajudam a manter o ar limpo.

NECESSIDADES BÁSICAS

ÁGUA PARA MANTER A FORMA

A ÁGUA É ESSENCIAL PARA MANTER O NOSSO CORPO SAUDÁVEL. PRECISAMOS TOMAR ÁGUA EM INTERVALOS REGULARES PARA FICARMOS ATIVOS E EM FORMA.

RONI BEBE ÁGUA REGULARMENTE. PINTE A FIGURA.

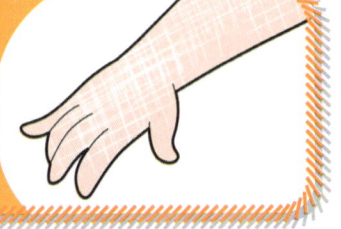

A NOSSA PELE VAI ENRUGAR SE A QUANTIDADE DE ÁGUA FOR BAIXA EM NOSSO CORPO.

NECESSIDADES BÁSICAS

Coisas Inanimadas

As coisas inanimadas não precisam de comida, ar e água. Eles não podem se mover por conta própria.

Estas são coisas inanimadas. Pinte as figuras.

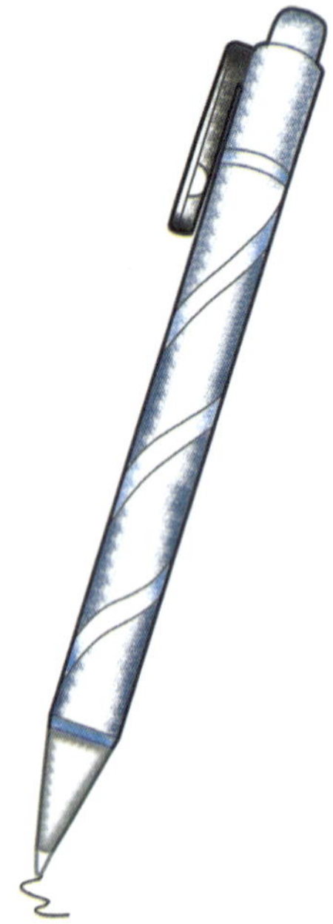

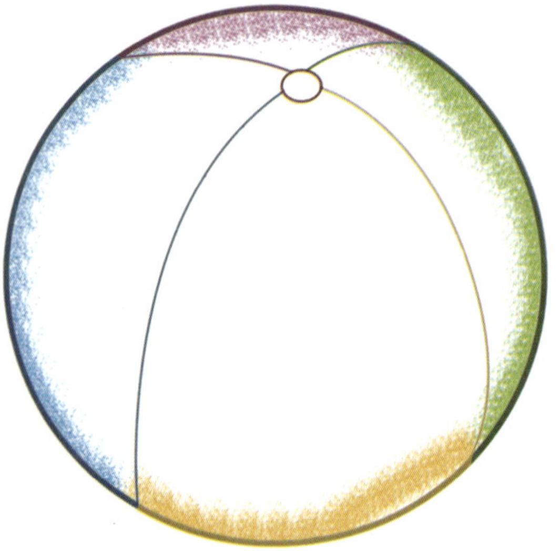

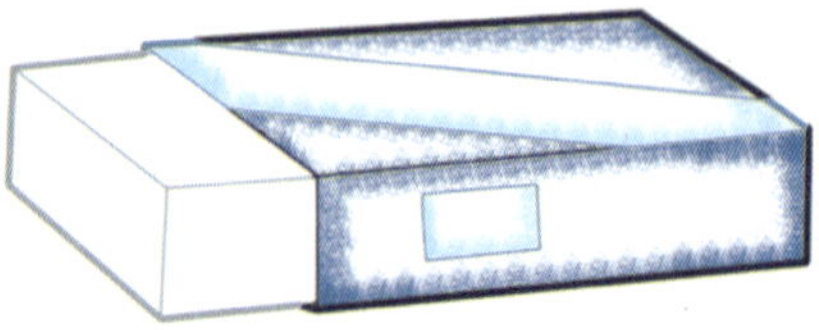

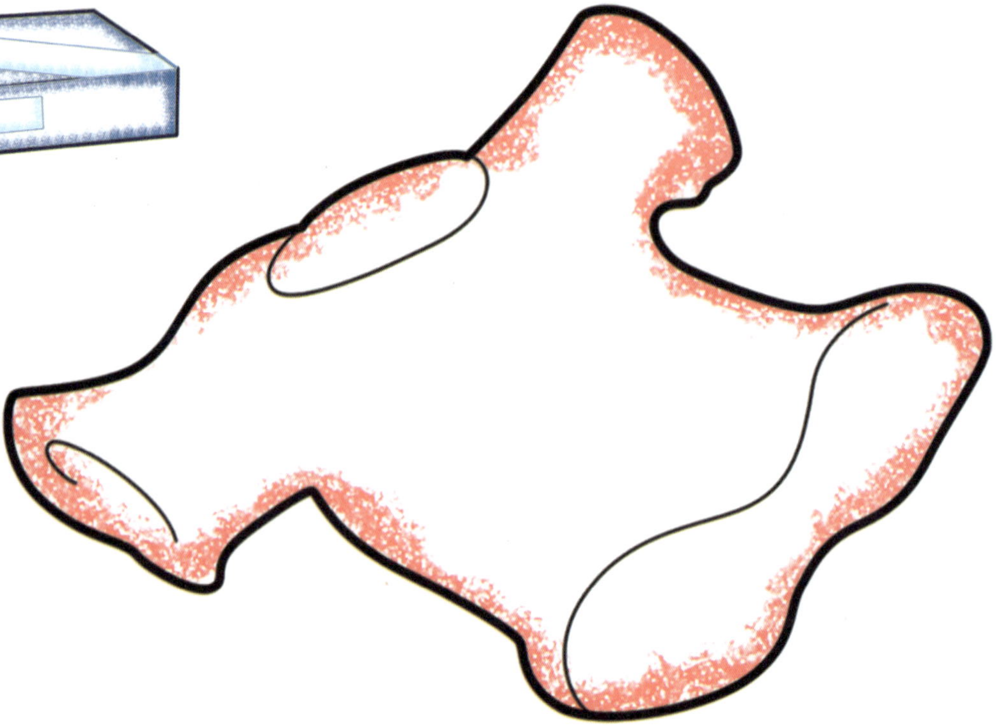

NECESSIDADES BÁSICAS

20

Equipamento de Segurança

Bira sai para andar de bicicleta todo dia.

Pinte a figura. Circule o equipamento de segurança que ele está usando.

Capacete

Andar de bicicleta é divertido! Usar um capacete que se encaixa bem pode proteger você de alguma lesão na cabeça no caso de você cair.

MANTENDO A SAÚDE

Cores em Nome da Saúde

Você pode ser muito saudável se comer uma variedade colorida de frutas e hortaliças diferentes.

Pinte estas hortaliças e estas frutas e saiba como a cor natural delas ajuda.

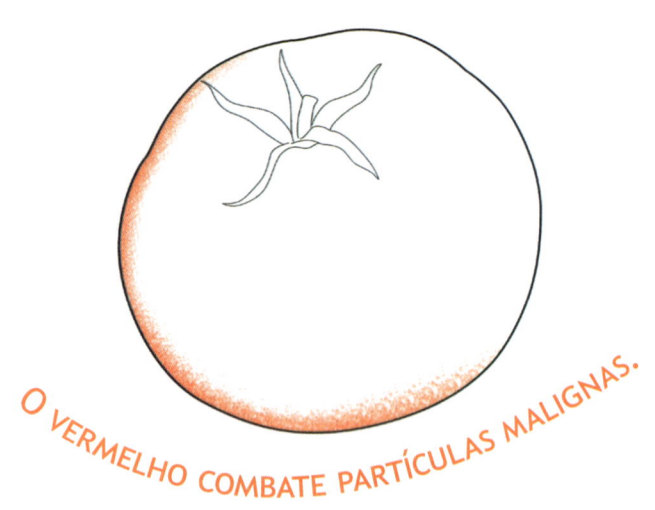

O vermelho combate partículas malignas.

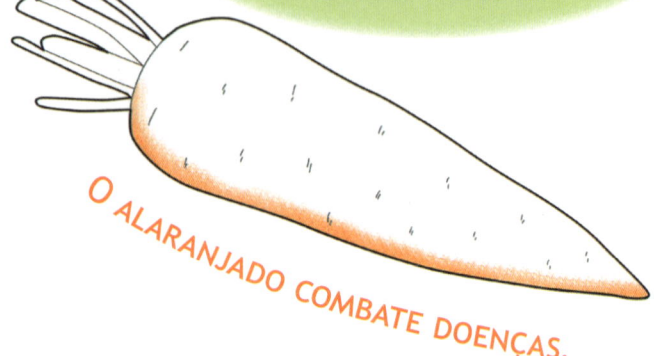

O alaranjado combate doenças.

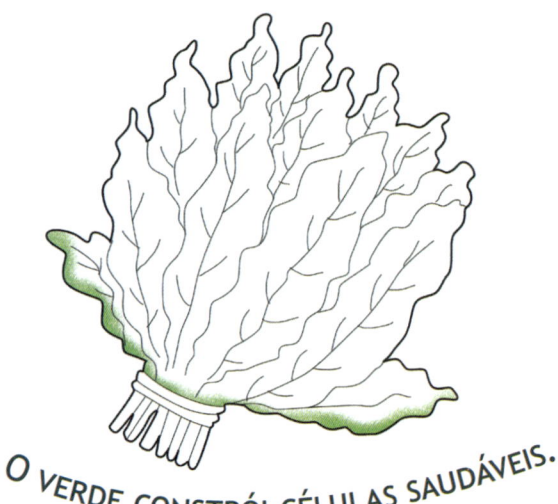

O verde constrói células saudáveis.

O verde mantém afastadas doenças horríveis.

O azul destrói substâncias químicas nocivas.

O alaranjado elimina coisas prejudiciais.

MANTENDO A SAÚDE

Junk Food* x Comida Saudável

Junk Food	Comida Saudável
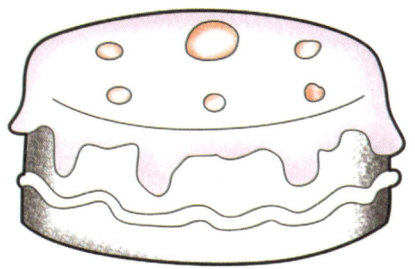 **Bolo**	 **Ovo**
 **Pizza**	 **Frutas**
 **Hambúrguer**	 **Leite**
 **Batatas fritas**	 **Sanduíche**

Pinte as figuras.

N.T.: Junk food* = comida que não é saudável, rica em calorias e de baixa qualidade nutritiva.

A "junk food" contém açúcar e gordura extras. Não é bom comê-las com frequência.

Mantendo a saúde

A Comida em nossa Boca

Mastigue a comida adequadamente. Mantenha os dentes e a língua limpos.

Pinte as figuras.

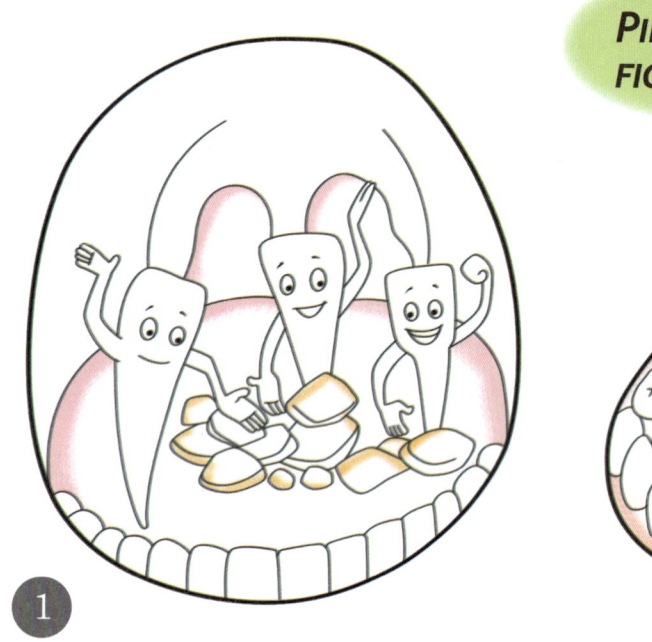

1

2

Morda com os dentes e mastigue a comida.

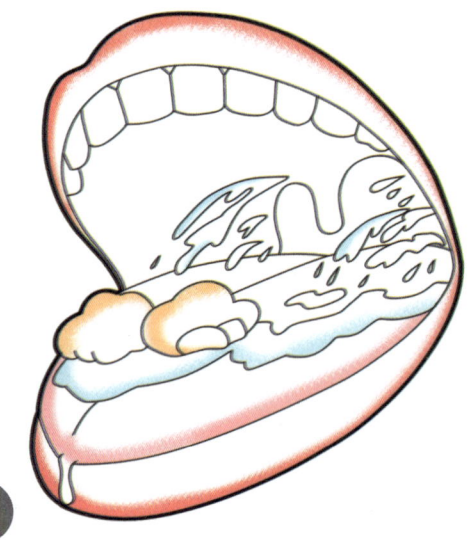

3

Sucos bons entram em ação pelos poros debaixo da sua língua.

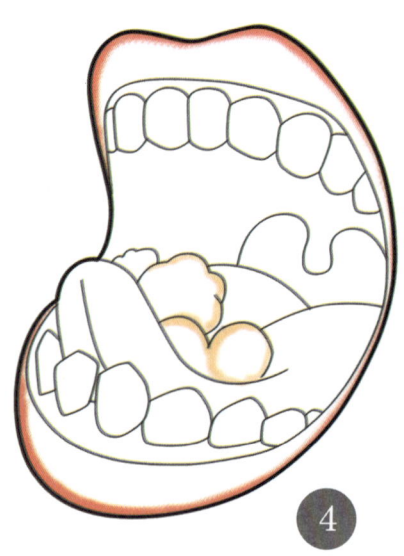

4

A língua mistura a comida com os sucos bons.

MANTENDO A SAÚDE

Os Germes: Sabotadores Alimentares

Não coma alimento destampado. Não é seguro comer, pois as moscas que carregam germes pousam nos alimentos. Você pode adoecer.

Pinte a figura. Circule as moscas que espalham germes.

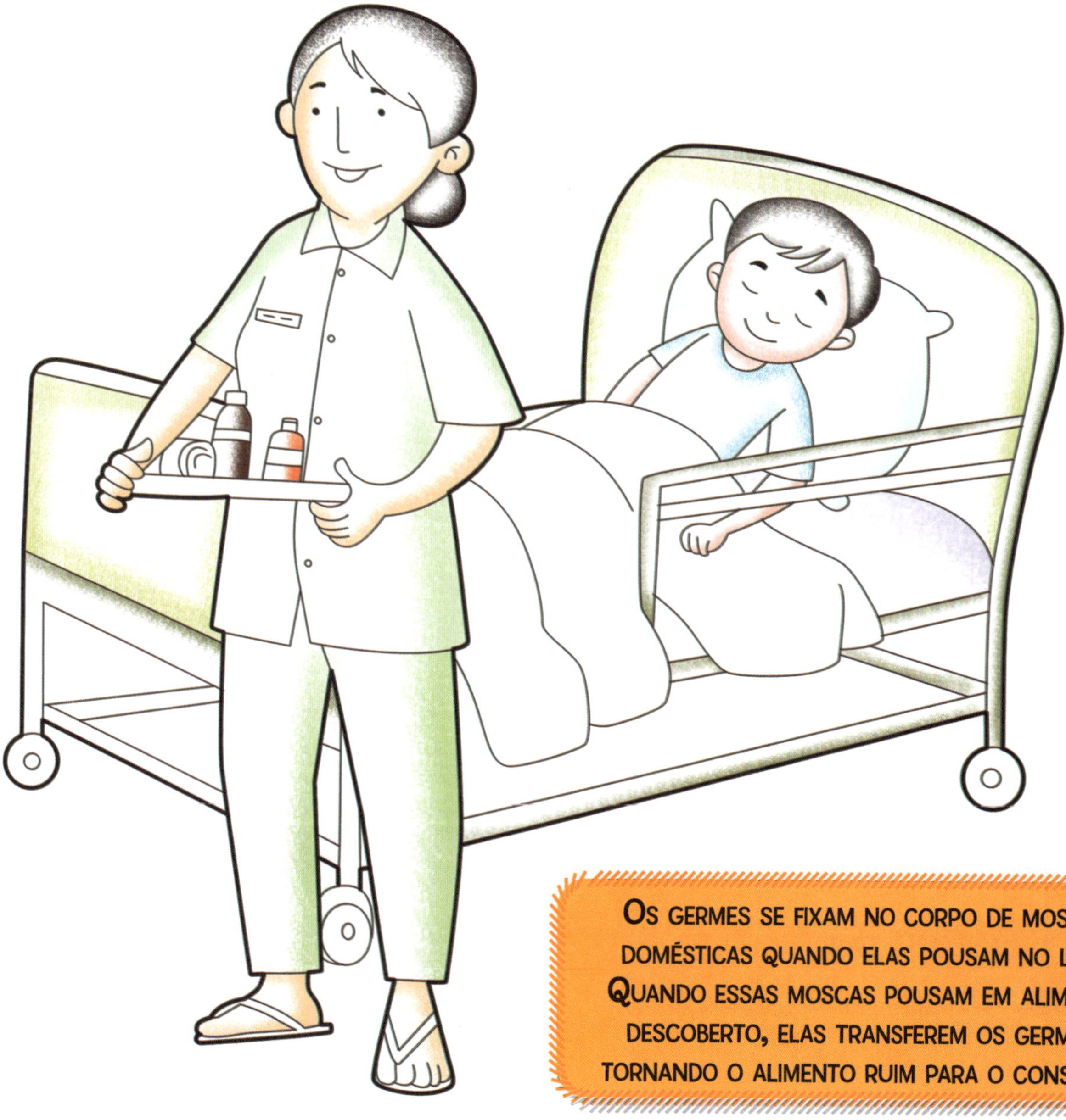

Os germes se fixam no corpo de moscas domésticas quando elas pousam no lixo. Quando essas moscas pousam em alimento descoberto, elas transferem os germes, tornando o alimento ruim para o consumo.

MANTENDO A SAÚDE

Instrumentos de Limpeza

Pinte as figuras.

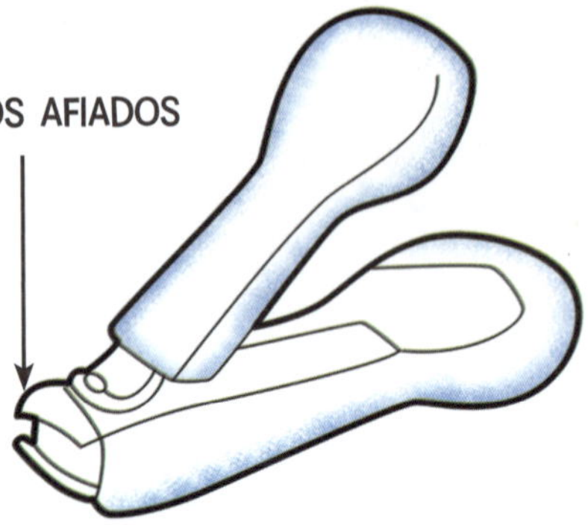

Cantos afiados

Cortador de unhas

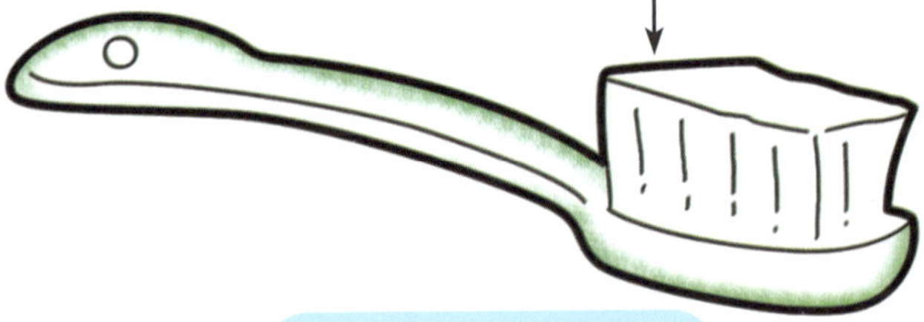

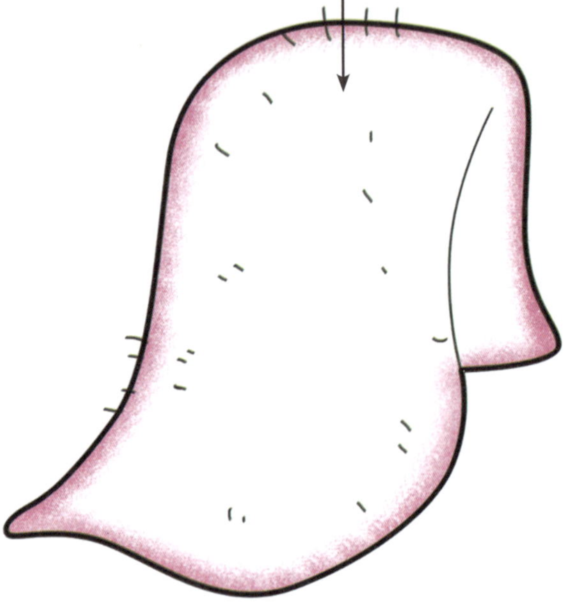

Pano absorvente para secar

Toalha

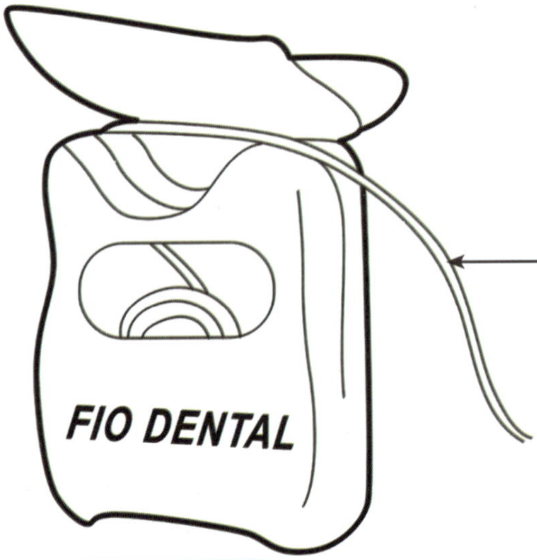

Cerdas macias

Escova de dentes

Um fio forte para remover as partículas

FIO DENTAL

Fio dental

Mantendo a Forma

Participar em esportes diferentes e fazer exercícios mantêm você em forma.

Pinte as figuras.

Natação

Flexão e alongamento

Mantendo a Saúde

Partes de uma Planta

Uma planta tem muitas partes diferentes.

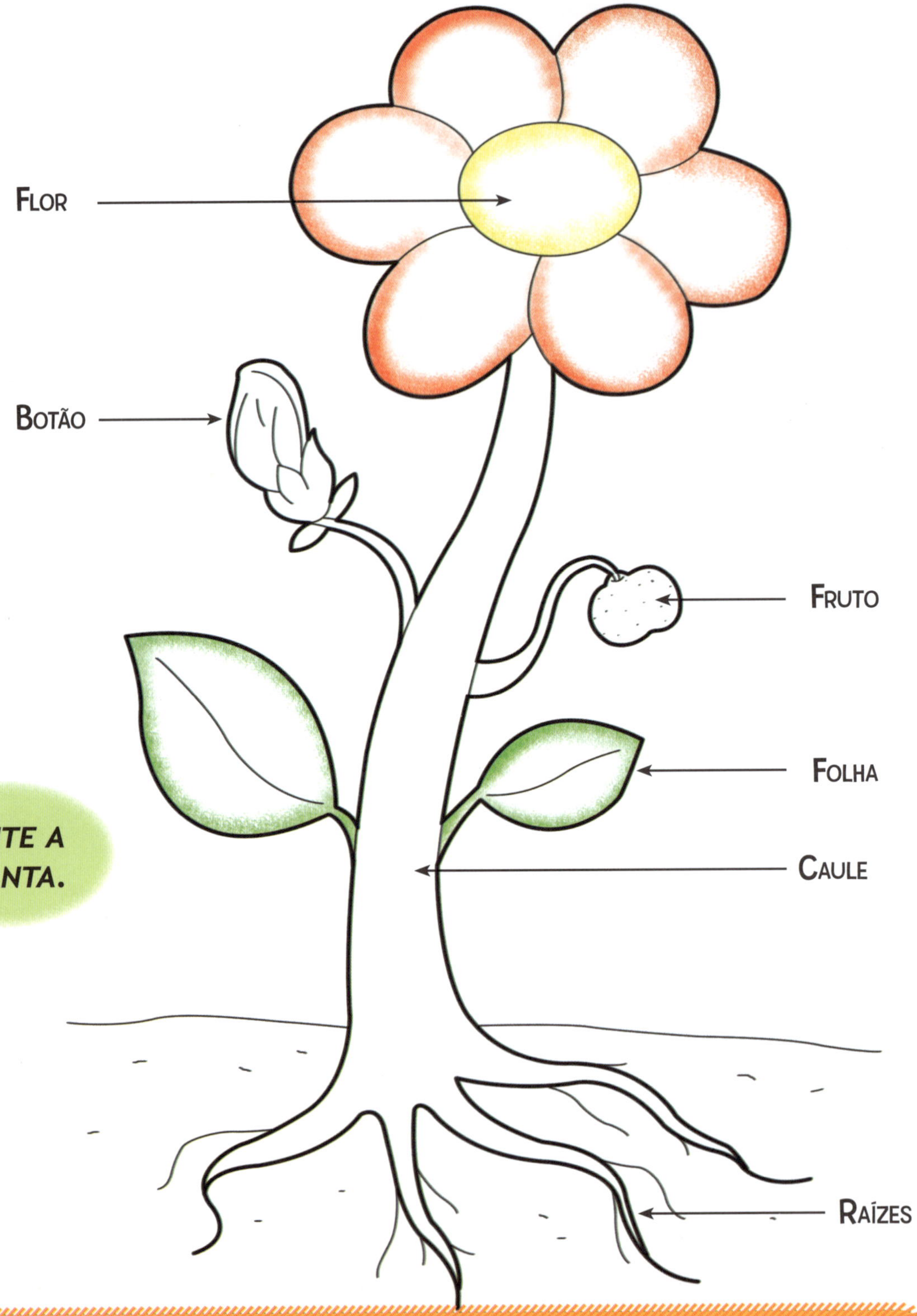

- Flor
- Botão
- Fruto
- Folha
- Caule
- Raízes

Pinte a planta.

Alimentos a partir de plantas

A parte da planta que cresce abaixo do solo é chamada de sistema de raízes, ao passo que o sistema aéreo é a parte que cresce acima do solo.

Raízes que Comemos

Comemos partes diferentes das plantas como alimento. Algumas raízes armazenam alimento. Elas são espessas e inchadas.

Pinte as figuras.

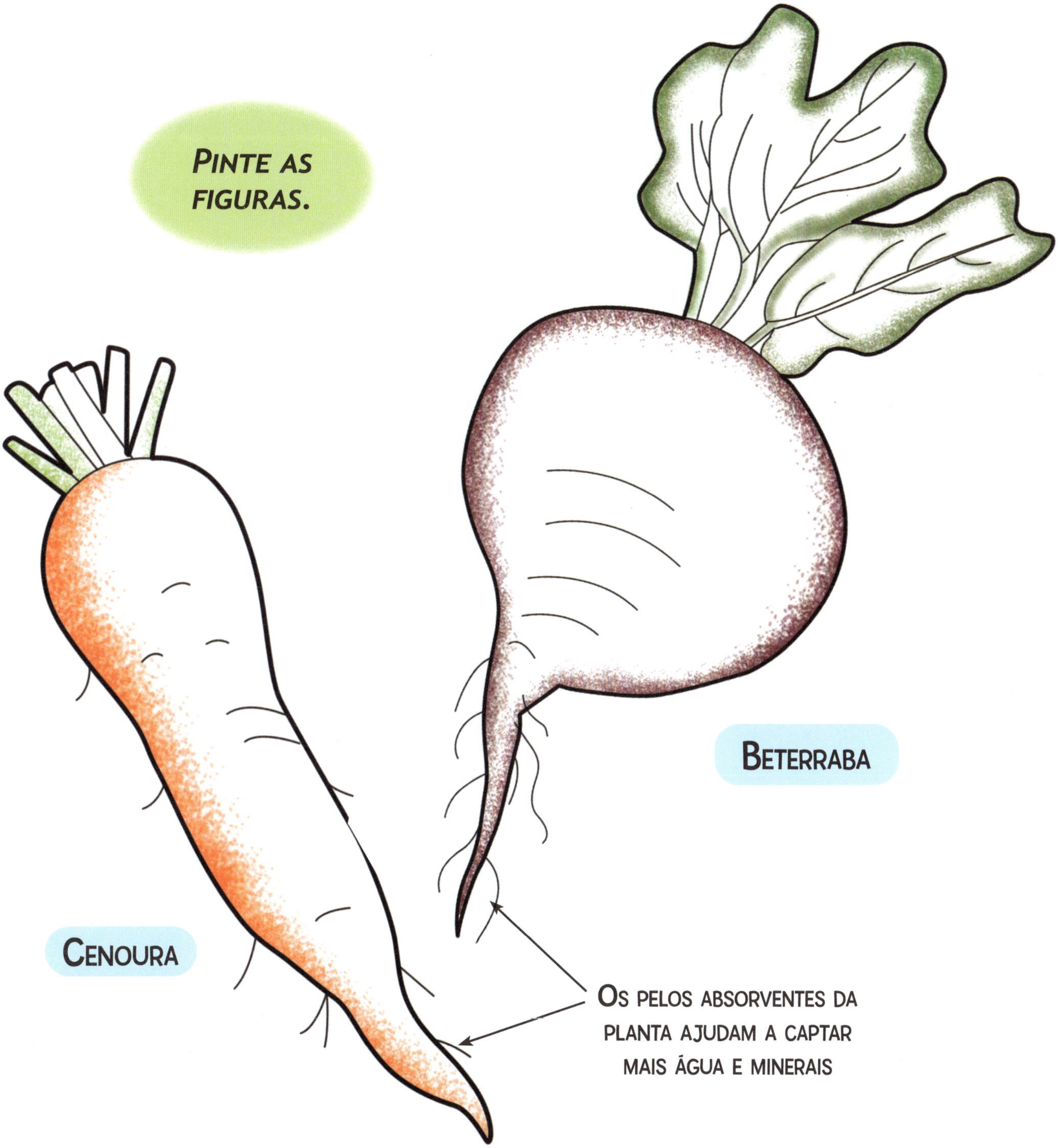

Beterraba

Cenoura

Os pelos absorventes da planta ajudam a captar mais água e minerais

Incluir alaranjados, rosados e verdes em nossa alimentação promove boa saúde e diminui o risco de doenças.

ALIMENTOS A PARTIR DE PLANTAS

Caules que Comemos

Comemos diferentes partes de plantas como alimento. Alguns caules armazenam alimento. Eles são espessos e inchados.

Pinte as figuras.

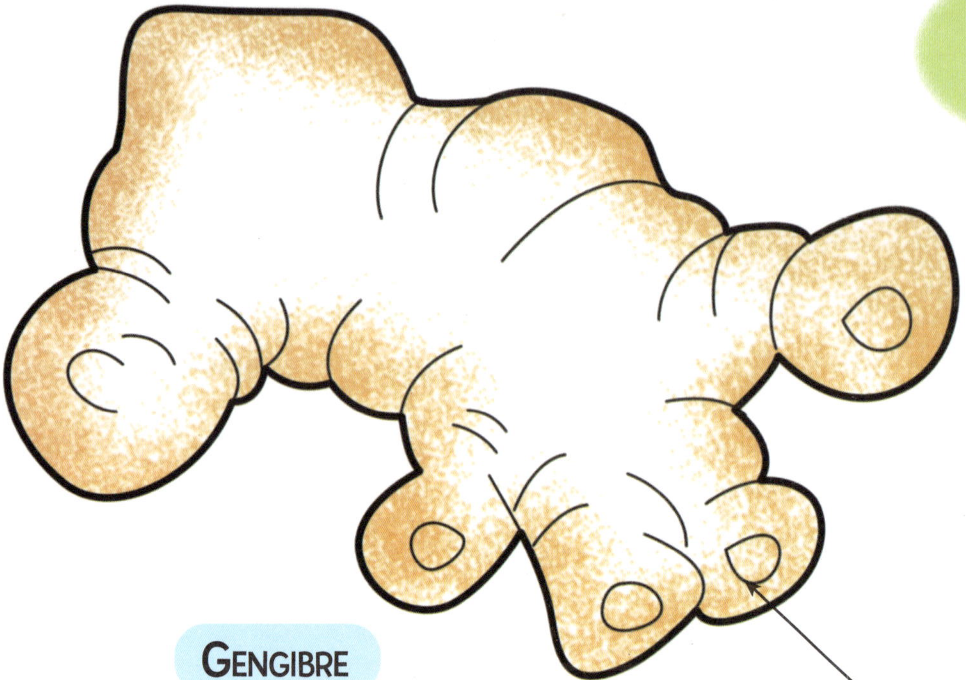

Gengibre

Pequenas fendas chamadas de "olhos" podem ser cortadas e replantadas.

Batata

ALIMENTOS A PARTIR DE PLANTAS

30

Folhas que Comemos

Comemos folhas de algumas plantas como hortaliças.

Folhas simples e lisas de diversos formatos

Pinte as figuras.

Espinafre

Folhas espessas e cerosas

Repolho

Verdes folhosos mantêm afastadas doenças horríveis. Eles estão disponíveis o ano inteiro.

ALIMENTOS A PARTIR DE PLANTAS

Frutas que Comemos

Comemos frutas de algumas plantas. Elas nos mantêm saudáveis e fortes.

Pinte a figura.

Não contém sementes

Contém algumas sementes

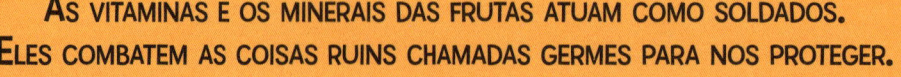

As vitaminas e os minerais das frutas atuam como soldados. Eles combatem as coisas ruins chamadas germes para nos proteger.

Flores que Comemos

Comemos flores de algumas plantas. Elas são ricas em nutrientes.

Pinte as figuras.

Floretes

Caule

Brócolis

Floretes

Folhas

Couve-flor

Alimentos a partir de plantas

Plantas Fracas

Algumas plantas têm caules fracos. Elas precisam de apoio para crescer.

Gavinhas se enrolam ao redor do apoio.

Pinte as plantas.

O jasmim é uma planta trepadeira.

A abóbora é uma planta rasteira.

TIPOS DE PLANTAS

34

Plantas sem Clorofila

Algumas plantas obtêm os nutrientes de material em decomposição e morto.

Pinte o cogumelo.

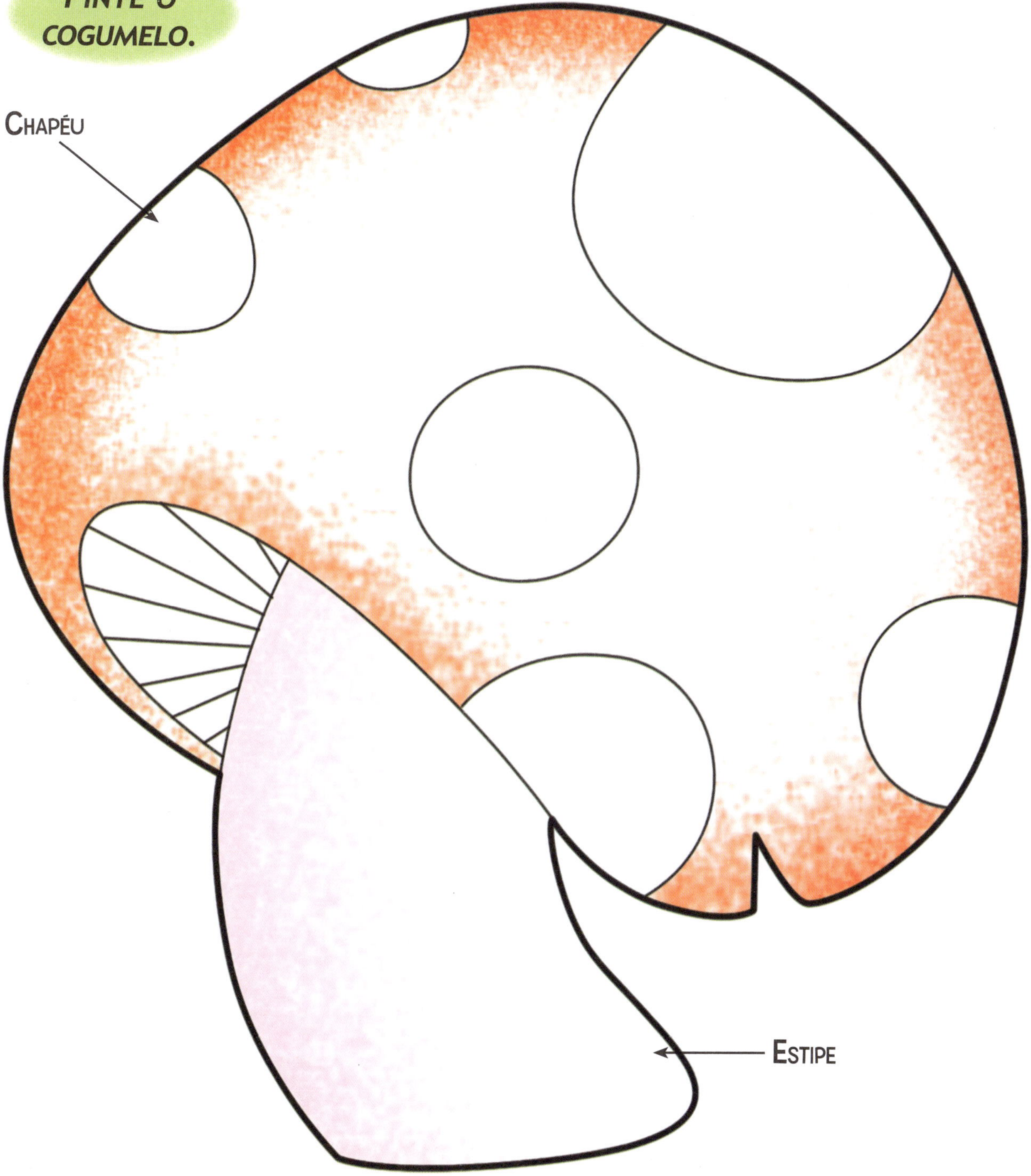

Chapéu

Estipe

> Cogumelos comestíveis são repletos de nutrientes e usados para fazer uma variedade de pratos culinários.

TIPOS DE PLANTAS

Plantas Grandes e Fortes

Plantas fortes, muito grandes e altas são chamadas de árvores.

Folhas grandes

Pinte as figuras.

Troncos cilíndricos altos e sem galhos

Coqueiro

Copa ampla

Tronco espesso, curto e com galhos

Mangueira

TIPOS DE PLANTAS

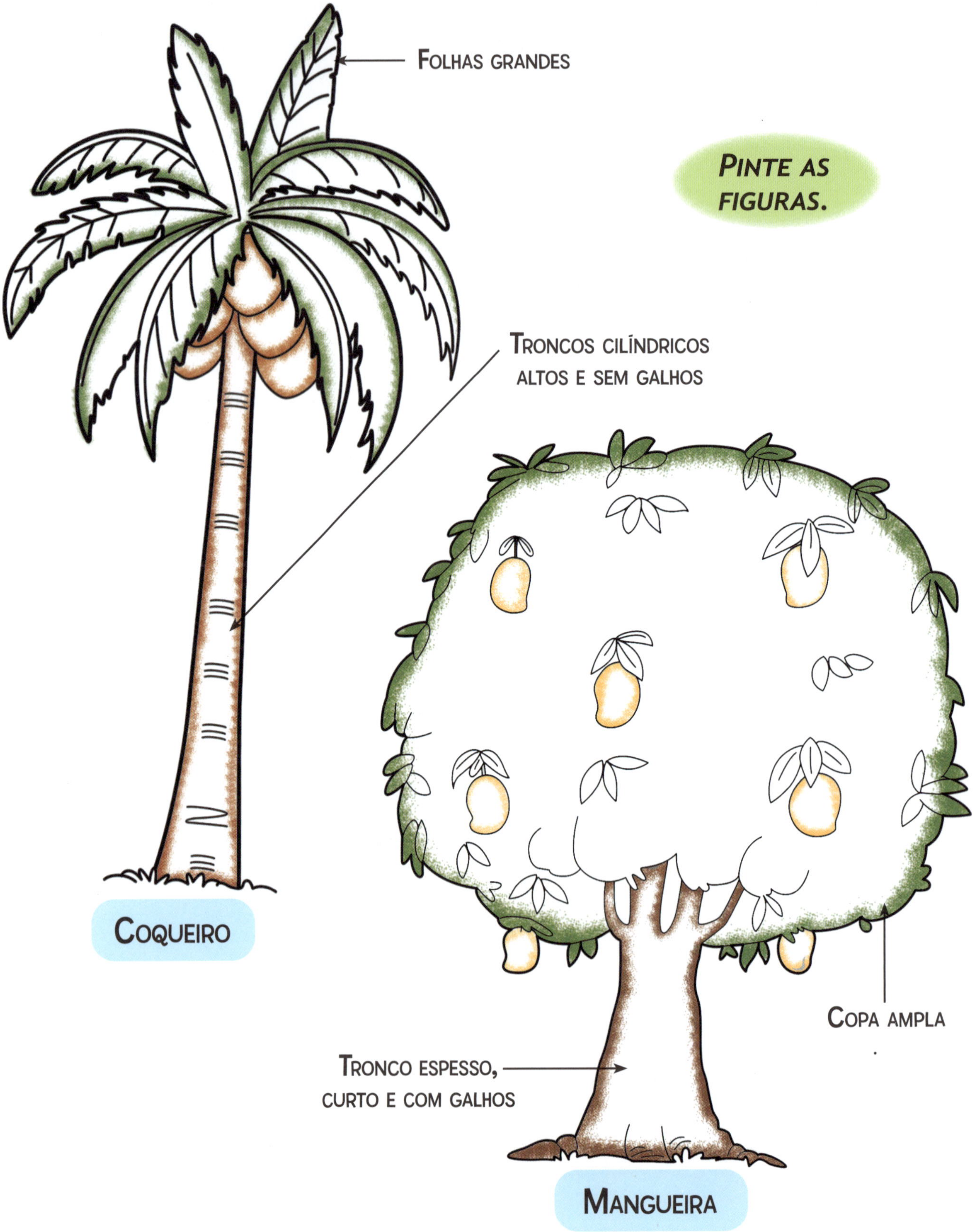

Plantas Montanhosas

As plantas têm características distintas para sobreviver em condições físicas e climas diferentes. As plantas nas montanhas são altas e em formato de cone.

Folhas pontudas para que a neve deslize.

Galhos inclinados

Pinte a figura.

Pinheiro

TIPOS DE PLANTAS

Plantas Desérticas

As plantas nos desertos têm caules grossos e inchados. Elas têm espinhos em vez de folhas.

Pinte a figura.

Folhas espinhosas

Caule verde carnudo para armazenar alimento.

Cacto

TIPOS DE PLANTAS

Plantas ao longo dos Litorais

Plantas que crescem junto aos litorais enfrentam ventos fortes.

Pinte a figura.

Folhas grandes para suportar as correntes de vento.

Coqueiro

TIPOS DE PLANTAS

Plantas ao Longo dos Pântanos

Os pântanos são solos esponjosos muitas vezes inundados com água.

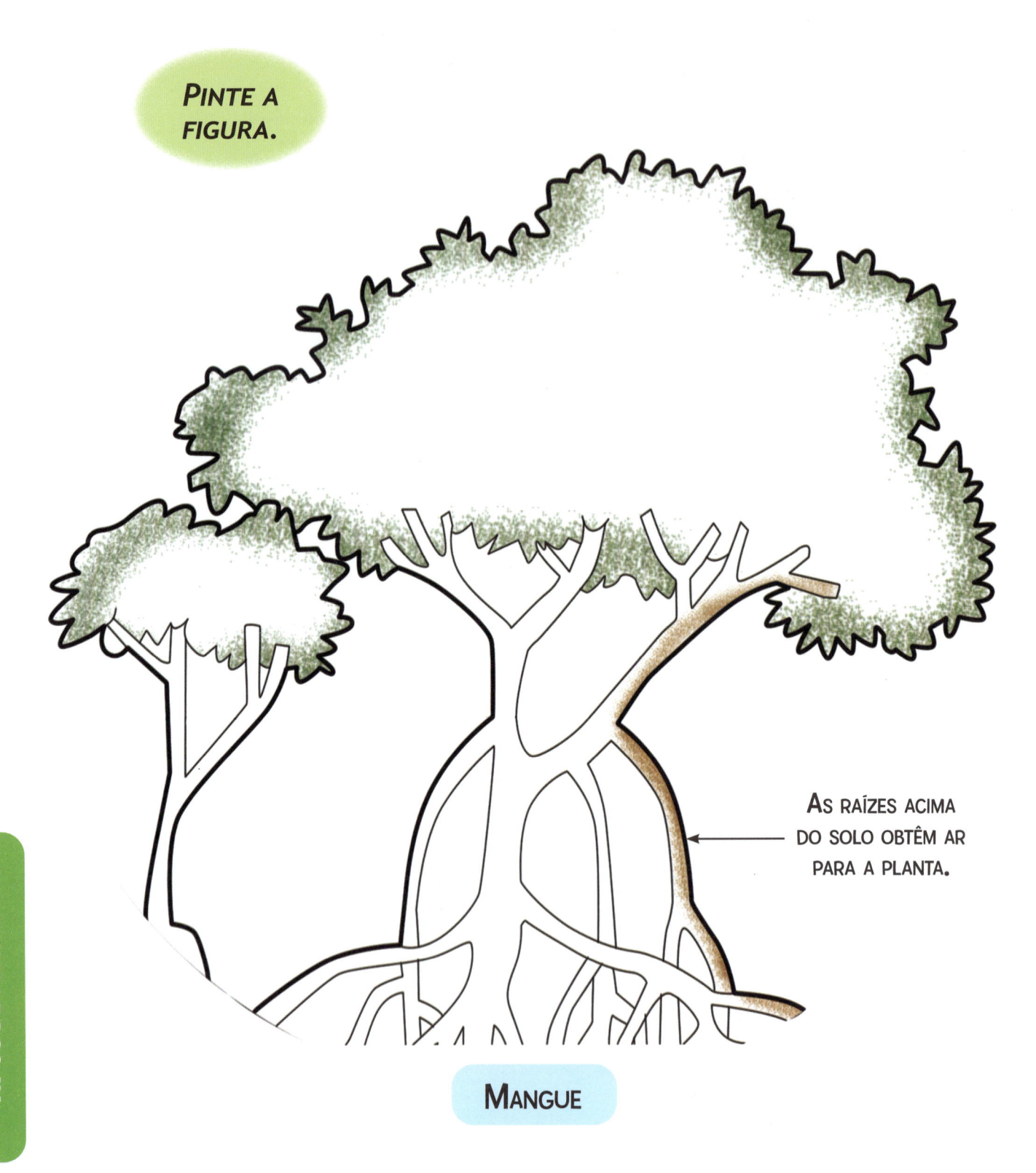

Pinte a figura.

As raízes acima do solo obtêm ar para a planta.

Mangue

TIPOS DE PLANTAS

Plantas que Crescem na Água

Algumas plantas crescem na água. Elas têm mecanismos especiais para absorver oxigênio da água.

Pinte as figuras.

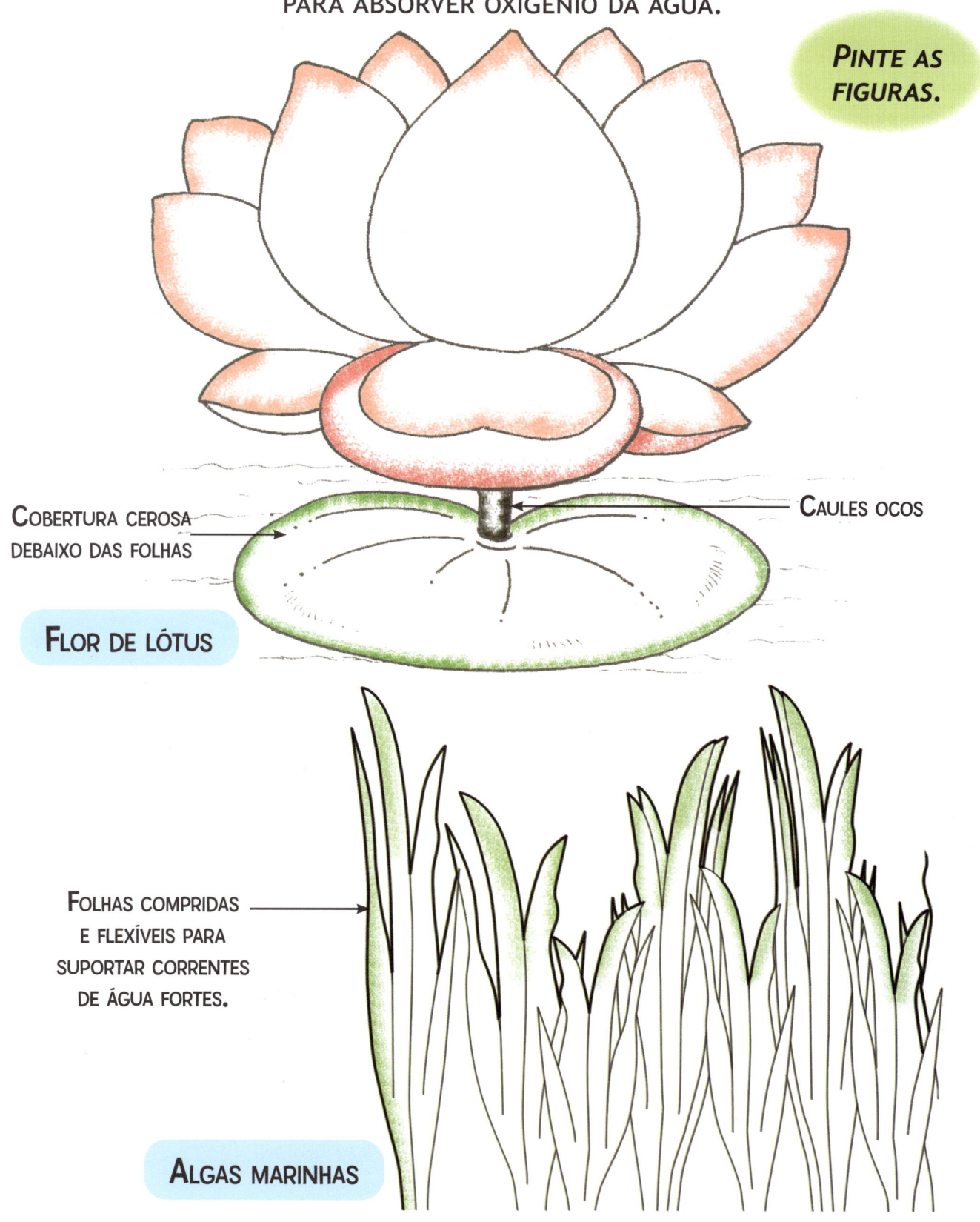

Cobertura cerosa debaixo das folhas

Caules ocos

Flor de lótus

Folhas compridas e flexíveis para suportar correntes de água fortes.

Algas marinhas

TIPOS DE PLANTAS

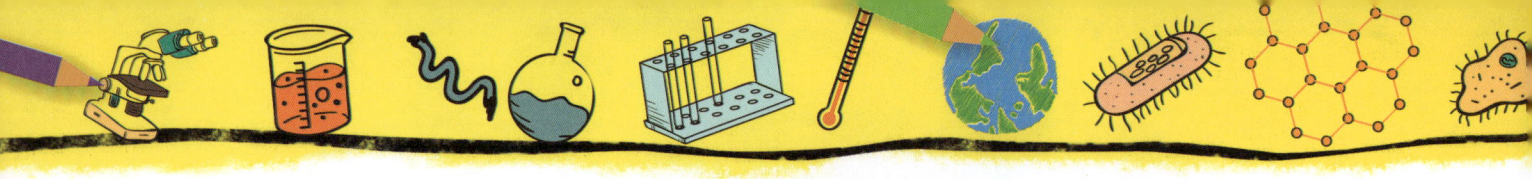

Plantas que Comem Insetos

Algumas plantas não obtêm todos os nutrientes do solo. Elas comem insetos!

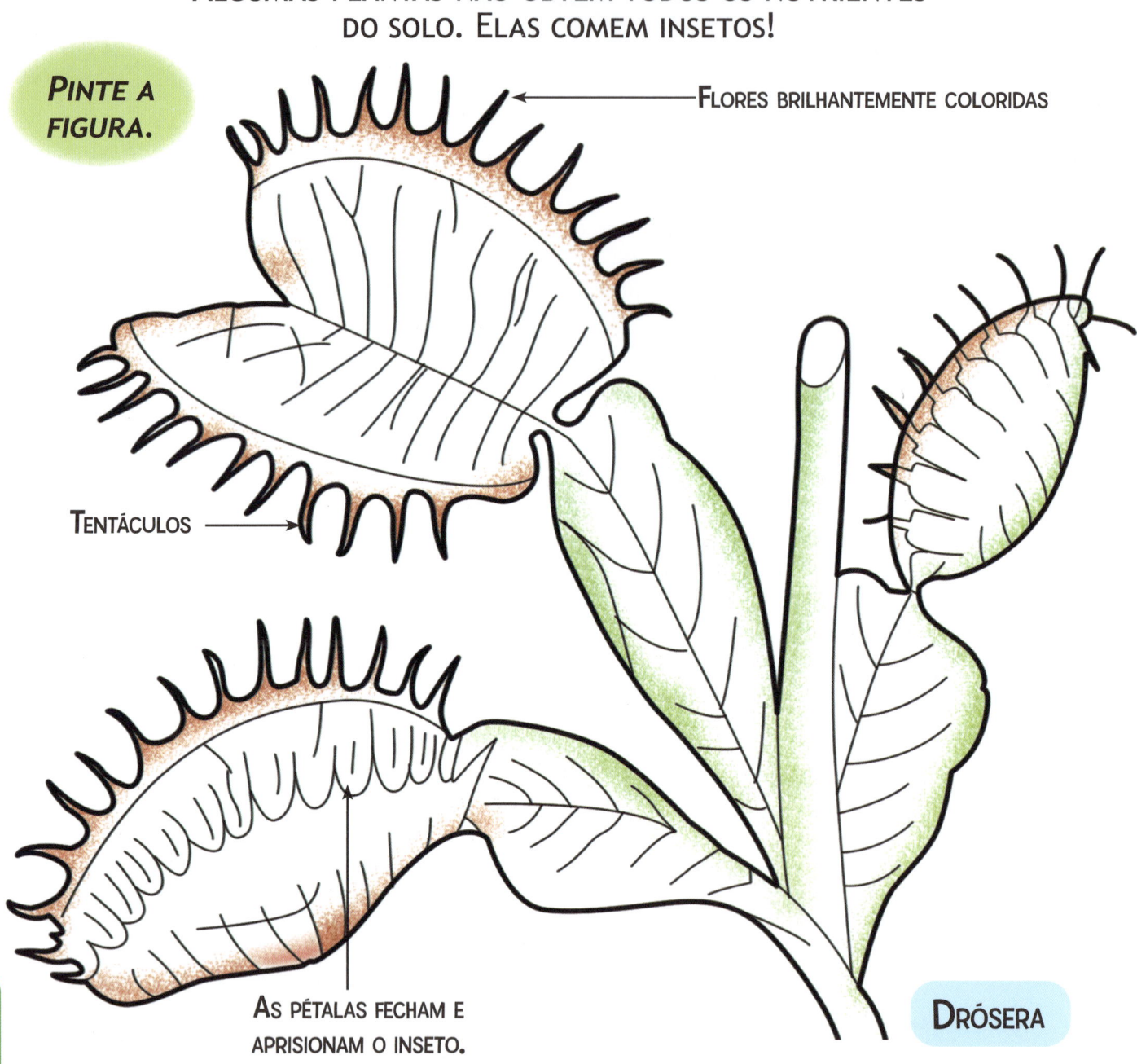

Pinte a figura.

Flores brilhantemente coloridas

Tentáculos

As pétalas fecham e aprisionam o inseto.

Dróssera

Assim que um inseto entra no jarro, ele fica preso.

Planta carnívora

TIPOS DE PLANTAS

42

O Grande Felino

O TIGRE É O MAIOR NA FAMÍLIA DOS FELINOS.

PINTE O TIGRE.

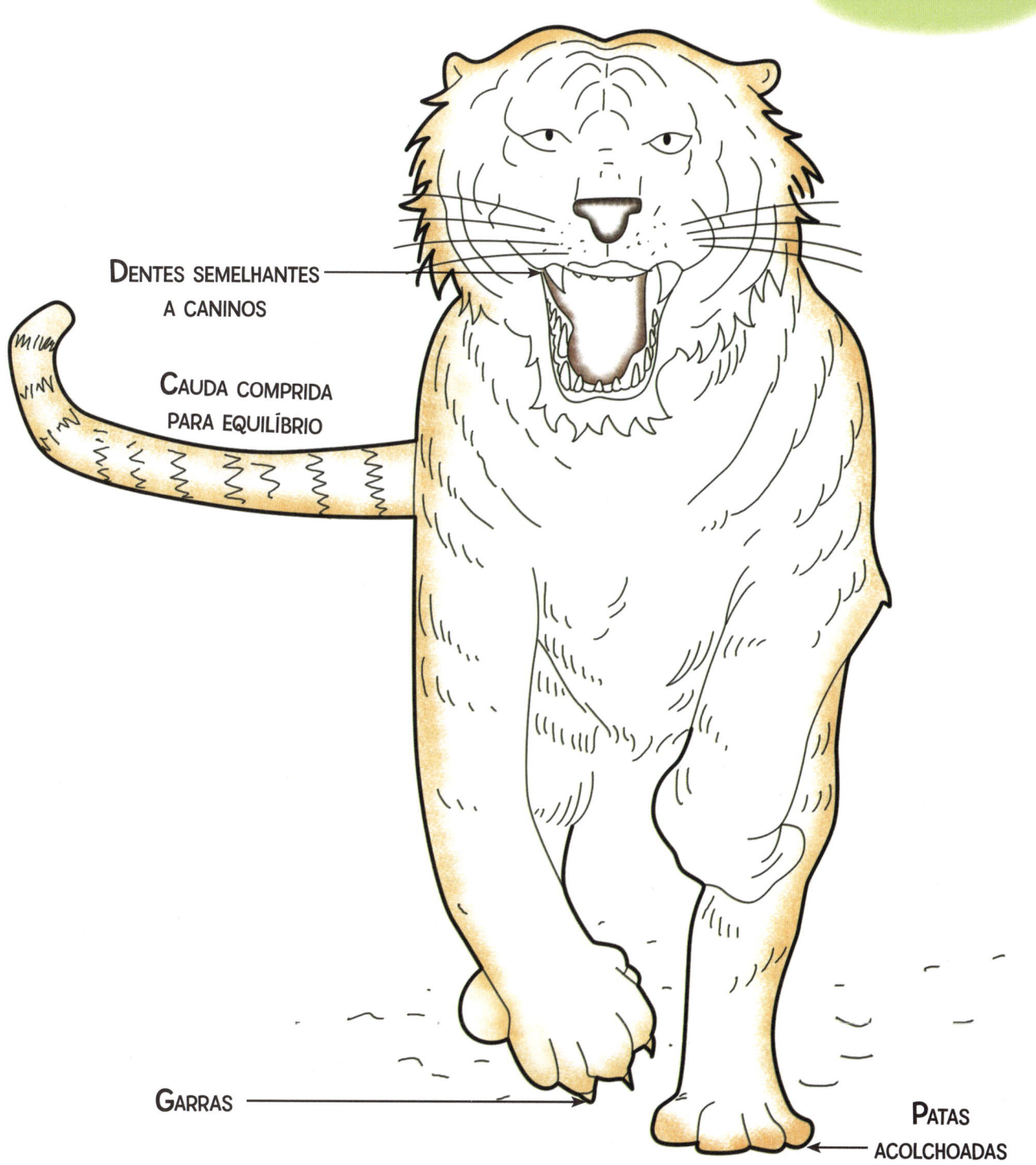

DENTES SEMELHANTES A CANINOS

CAUDA COMPRIDA PARA EQUILÍBRIO

GARRAS

PATAS ACOLCHOADAS

NÃO EXISTEM DOIS TIGRES QUE TENHAM O MESMO PADRÃO DE LISTRAS.

MUNDO ANIMAL

AVES

As aves voam com a ajuda das asas. Elas têm ossos ocos. O corpo delas têm um formato peculiar que as ajuda a voar.

Bico

Asas

Garras

Pinte a ave.

O avestruz é a maior ave do planeta. Ela também tem o maior olho entre todos os animais terrestres.

MUNDO ANIMAL

INSETOS

Os insetos são animais de seis pernas. Eles botam ovos.

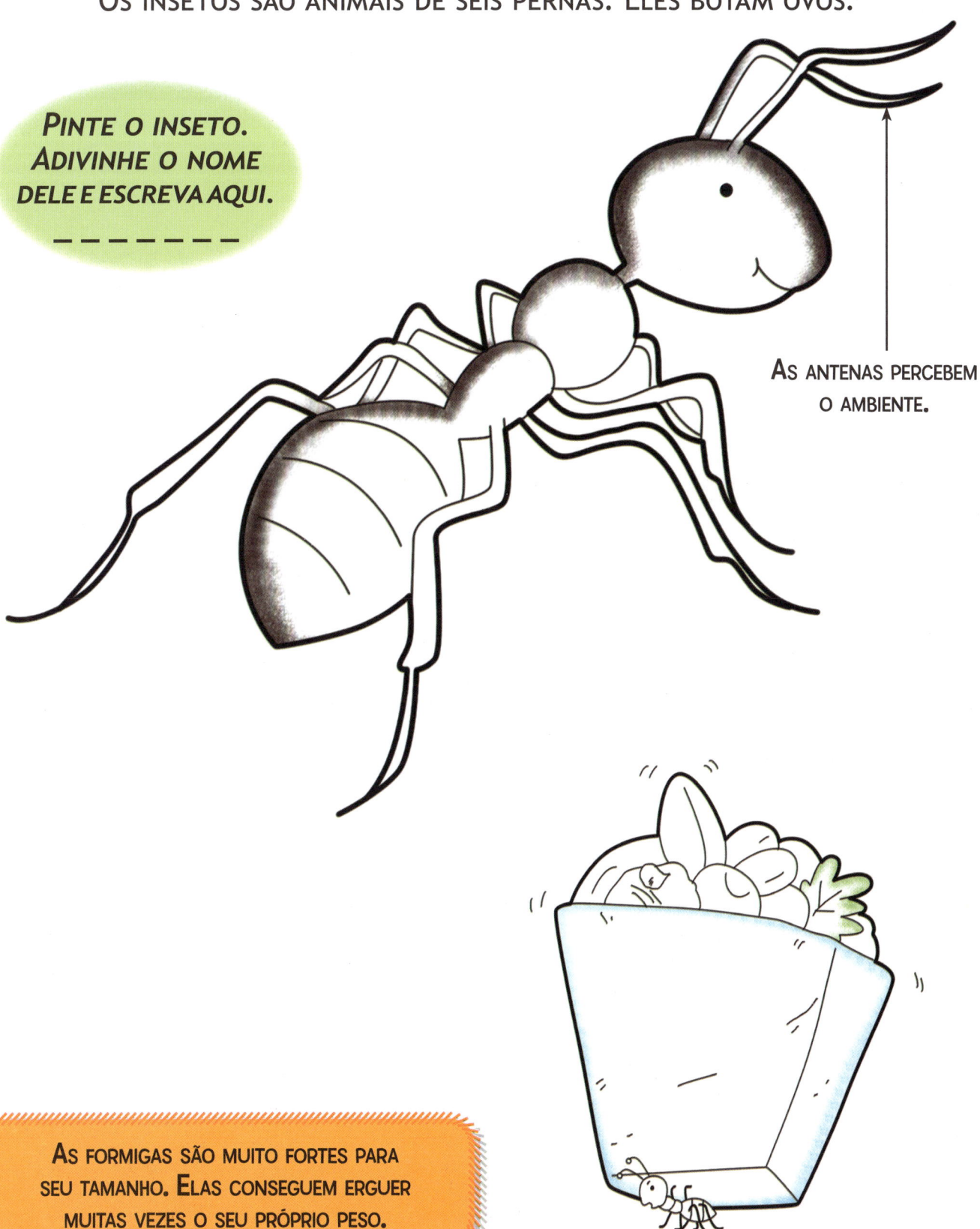

Pinte o inseto. Adivinhe o nome dele e escreva aqui.
_ _ _ _ _ _ _

As antenas percebem o ambiente.

As formigas são muito fortes para seu tamanho. Elas conseguem erguer muitas vezes o seu próprio peso.

MUNDO ANIMAL

45

Patas de Animais

Os animais têm diferentes tipos de estruturas de pés para seu benefício.

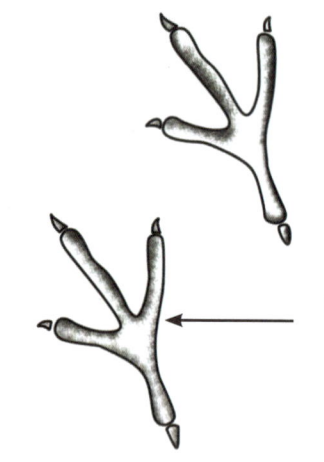

Pinte as figuras.

Garras fortes e afiadas

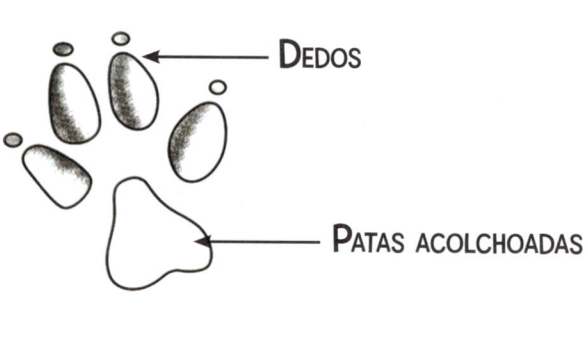

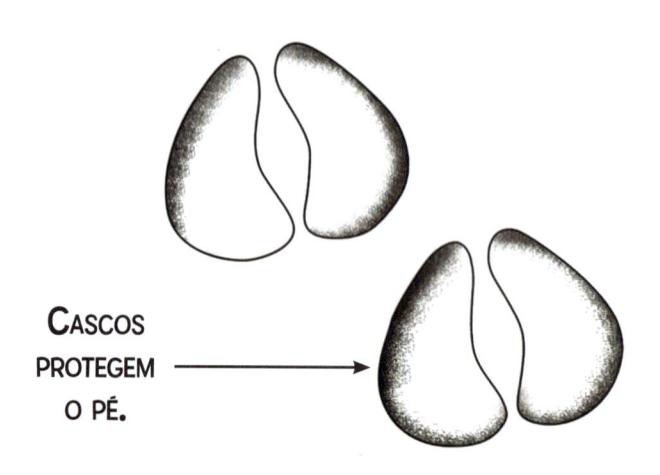

Dedos

Patas acolchoadas

Cascos protegem o pé.

MUNDO ANIMAL

O Feroz Tubarão

O TUBARÃO É UM PEIXE CARNÍVORO GIGANTE.
UM TUBARÃO COME PEIXES MENORES E OUTROS ANIMAIS MARINHOS.

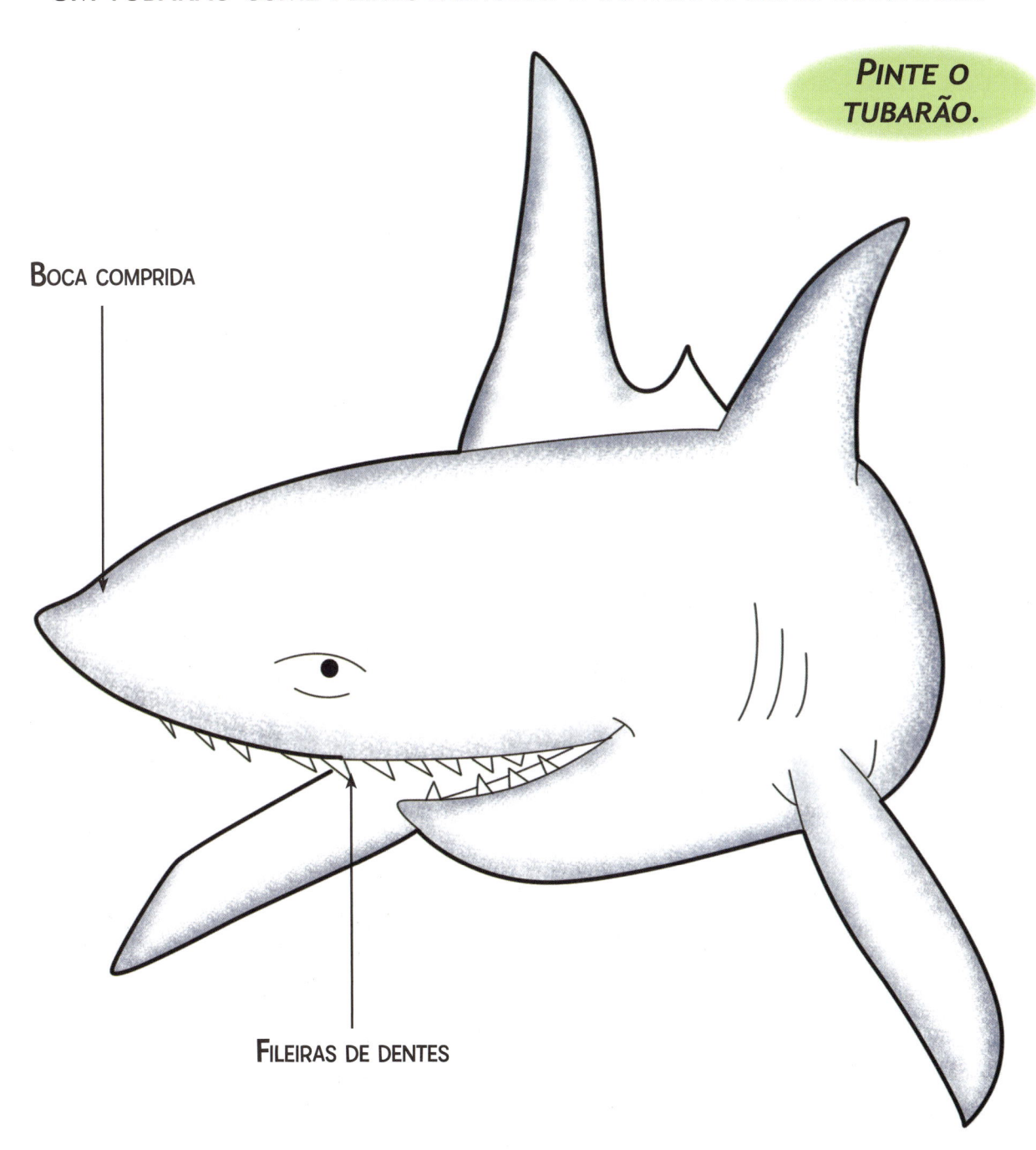

Pinte o tubarão.

Boca comprida

Fileiras de dentes

Se um dente quebra ou se desgasta, outro simplesmente aparece no seu lugar.

MUNDO ANIMAL

Animal Aquático: Camarão

Os camarões são criaturas marinhas pequenas e de cauda comprida com corpo estreito e liso. Eles podem caminhar e também nadar.

Pinte a figura.

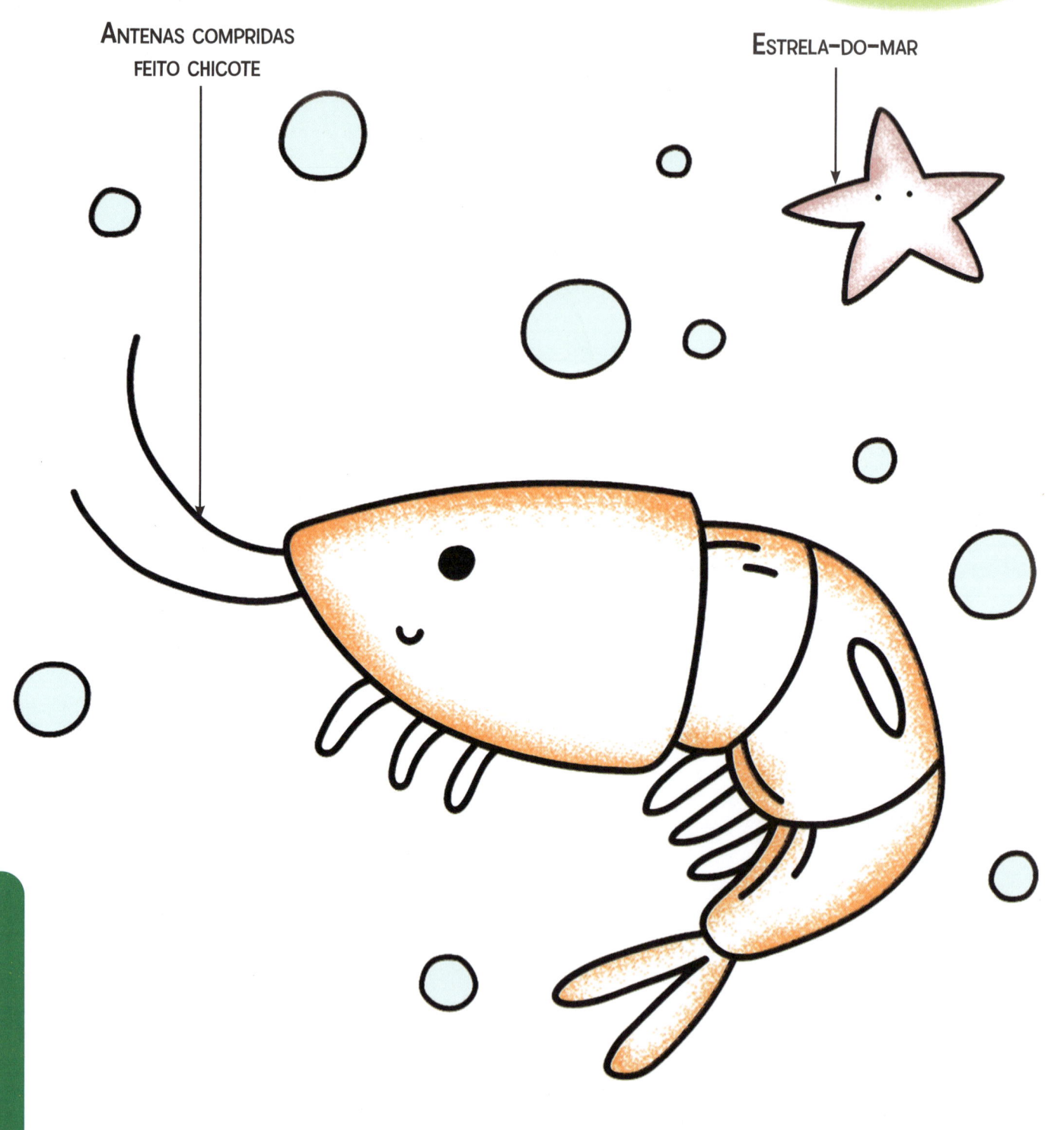

Antenas compridas feito chicote

Estrela-do-mar

MUNDO ANIMAL

Animal Aquático: Tartaruga Marinha

As tartarugas marinhas podem viver na terra e também na água.

Pinte a figura.

Membros semelhantes a nadadeiras

Carapaça protetora resistente

MUNDO ANIMAL

49

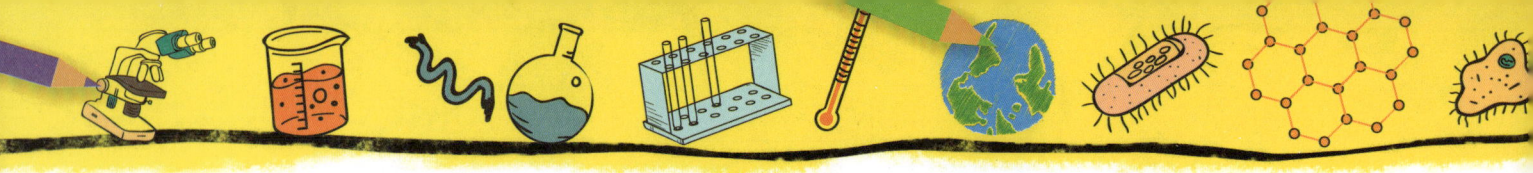

Animal Aquático: Espadarte

O espadarte é um peixe sem escamas encontrado nos oceanos. Ele tem um focinho pontudo, comprido e achatado.

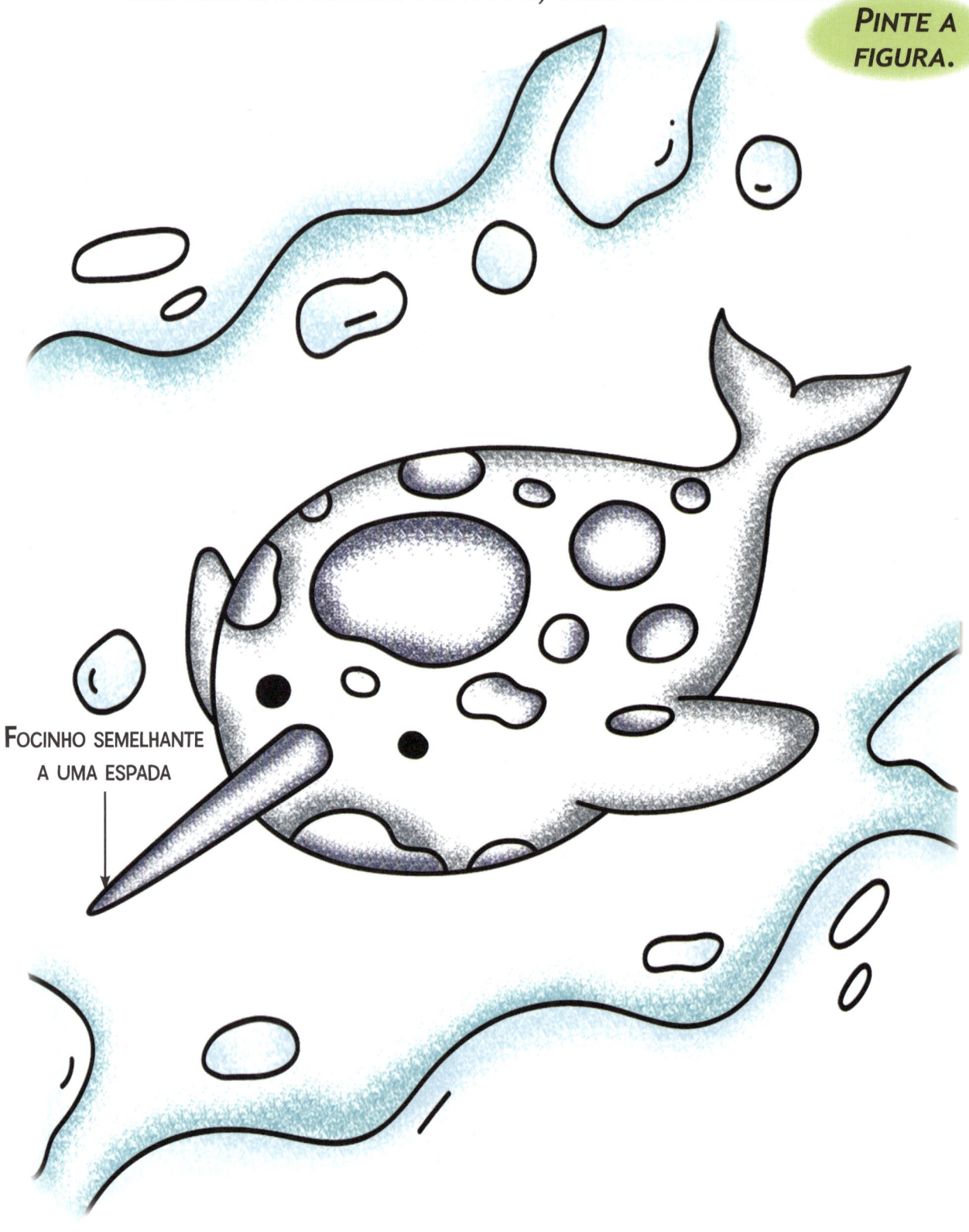

Pinte a figura.

Focinho semelhante a uma espada

MUNDO ANIMAL

Animal Terrestre: Gato

Os gatos têm corpo peludo e macio.

Pinte a figura.

Ouvidos altamente sensíveis

Rabo comprido (ajuda no equilíbrio)

Garras afiadas

MUNDO ANIMAL

Borboleta

As borboletas são insetos com asas brilhantemente coloridas.

Pinte a figura.

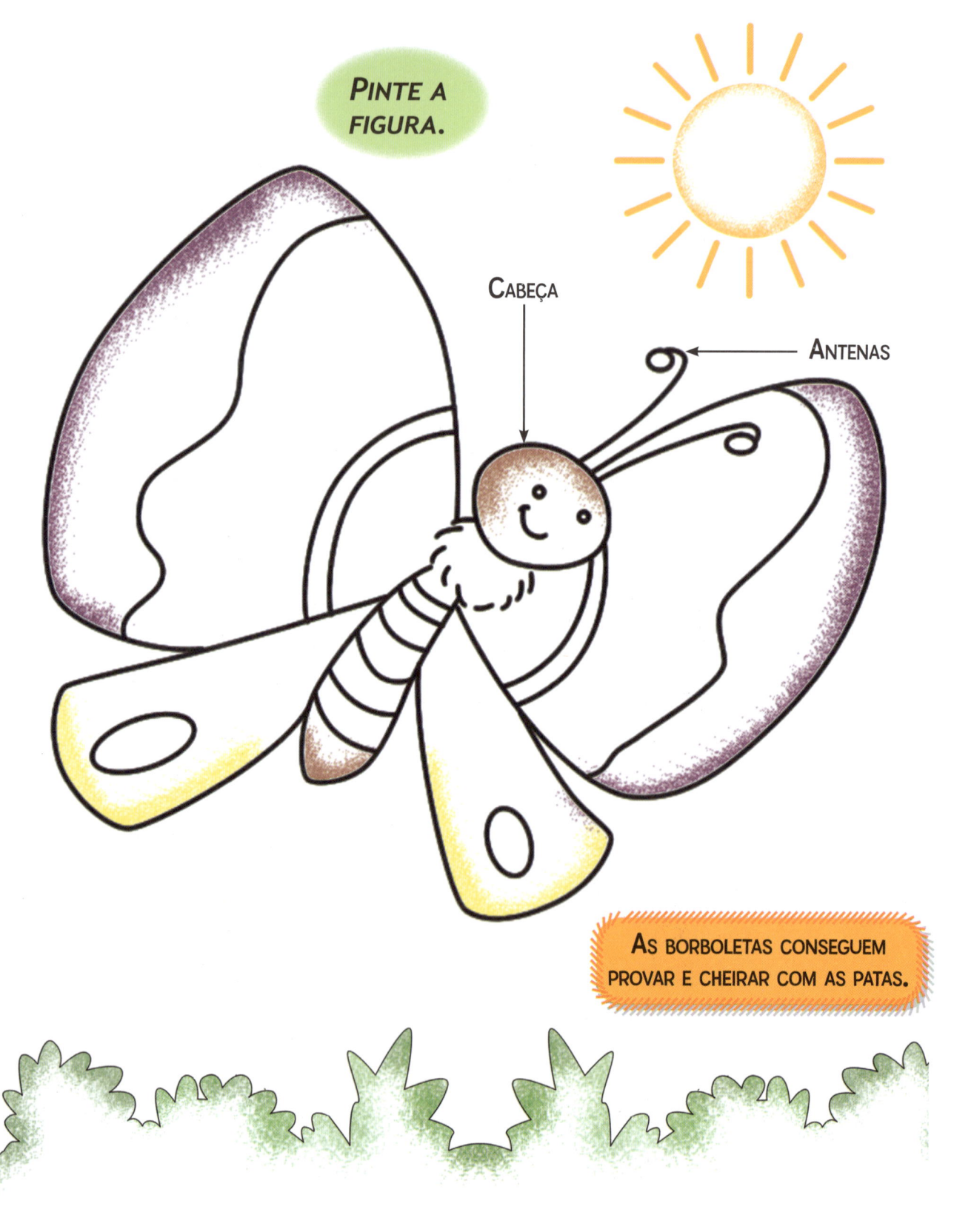

Cabeça

Antenas

As borboletas conseguem provar e cheirar com as patas.

MUNDO ANIMAL

PANDA

Os pandas podem escalar árvores e também nadar na água. Eles comem principalmente folhas e brotos de bambu.

Pelagem branca e preta

Pinte a figura.

MUNDO ANIMAL

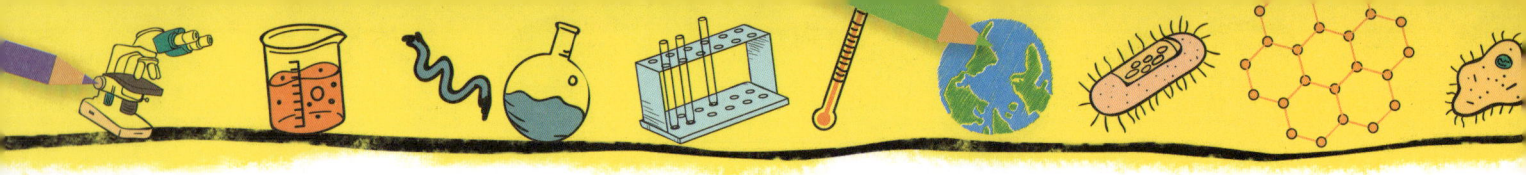

Animal Extinto: Dodô

A Terra é lar de muitos animais maravilhosos, mas infelizmente alguns se extinguiram e não se encontram mais em lugar algum. Eles são chamados de animais extintos.

Bico espesso em gancho

Pinte as figuras.

Corpo grande

Asas pequeninas

O dodô é uma ave extinta. Ele era uma ave que não podia voar que era encontrada nas ilhas Maurício.

ANIMAIS DO PASSADO

Animal Extinto: Dinossauro

Muitas espécies de dinossauros existiram na Terra milhões de anos atrás.

Pinte a figura.

Pescoço comprido para alcançar os galhos mais altos das árvores.

Cauda comprida para o equilíbrio

As pessoas não estavam presentes durante a era dos dinossauros. Houve uma lacuna de mais de **60** milhões de anos entre o último dinossauro e as primeiras pessoas.

ANIMAIS DO PASSADO

ROBÔ

Um robô é uma máquina que completa tarefas sem ajuda humana.

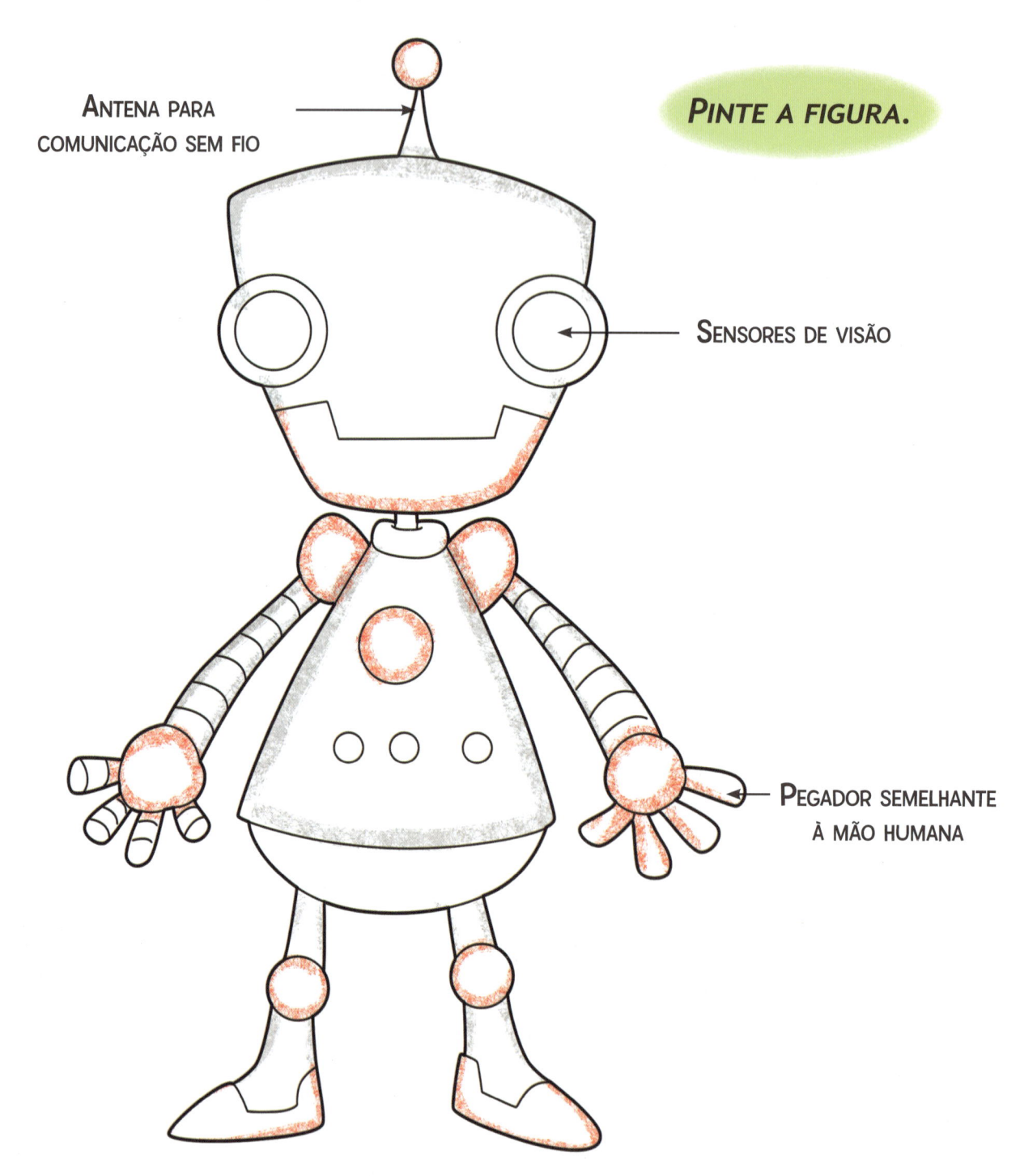

Antena para comunicação sem fio

Pinte a figura.

Sensores de visão

Pegador semelhante à mão humana

Os robôs podem executar uma dada tarefa mais rápido, com mais precisão e com mais segurança do que as pessoas. Os robôs também podem manusear materiais perigosos. Eles são enviados para explorar planetas distantes.

TECNOLOGIA

COMO AS COISAS FUNCIONAM

Algumas coisas se movem com uma mola. Algumas coisas se movem com a energia armazenada nas baterias (pilhas).

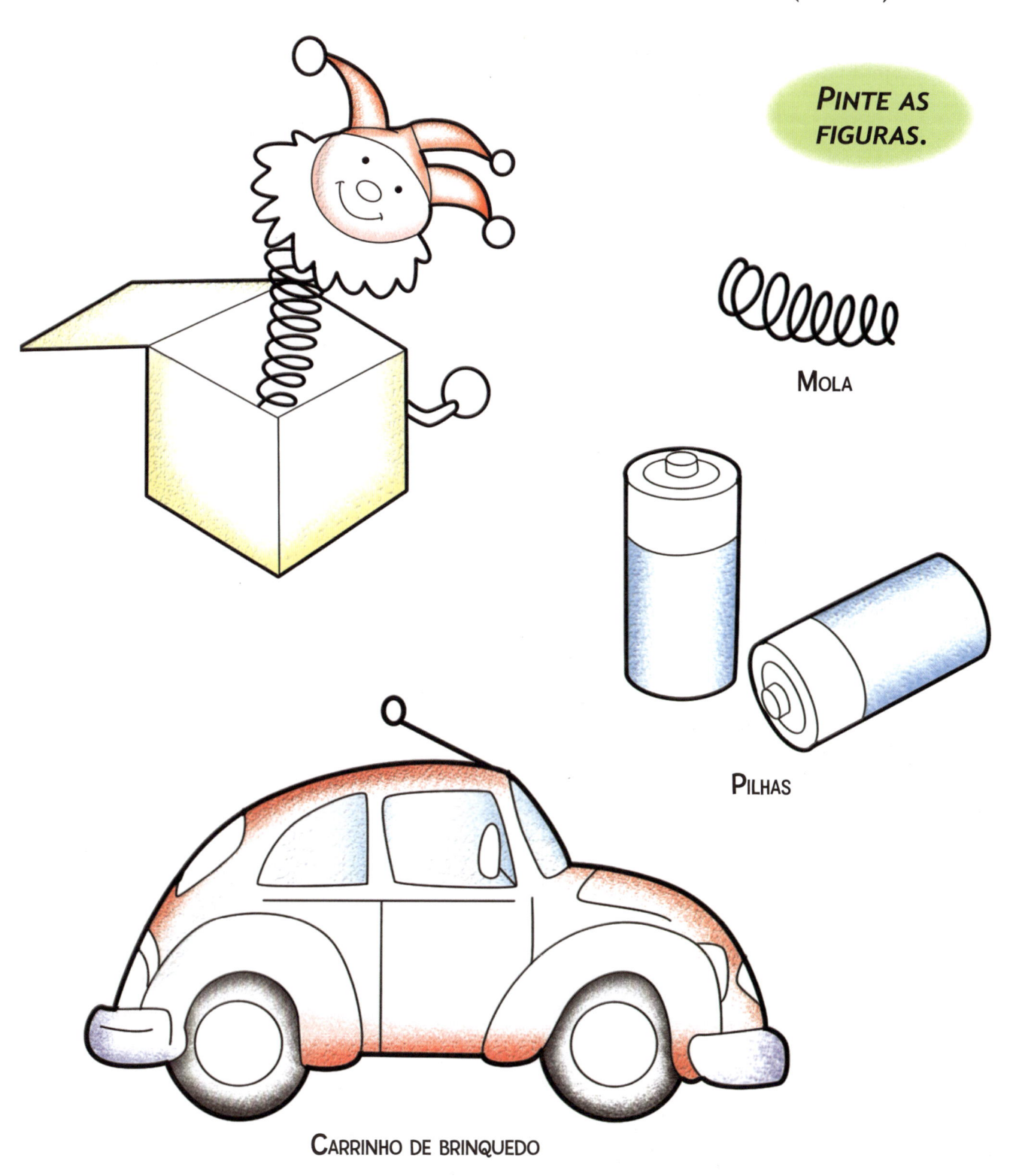

Pinte as figuras.

Mola

Pilhas

Carrinho de brinquedo

TECNOLOGIA

POR QUE OS ANIMAIS SE EXTINGUEM

A PERDA DE HABITAT ANIMAL DEVIDO AO DESMATAMENTO FOI UM DOS PRINCIPAIS MOTIVOS PELOS QUAIS ALGUNS ANIMAIS SE EXTINGUIRAM.

PINTE A FIGURA.

SANTUÁRIOS DE VIDA SELVAGEM E PARQUES NACIONAIS SÃO CRIADOS PARA PROTEGER ANIMAIS EM SEUS ENTORNOS NATURAIS.

Sons Barulhentos

Sons agudos indesejáveis causam vários problemas de saúde para as pessoas e a vida selvagem.

Pinte as fontes de poluição sonora.

O NOSSO AMBIENTE

Solo Estragado

Acumular lixo na terra torna o solo inadequado para cultivar plantas.

Pinte a figura. Ligue o nome das coisas deixadas como lixo na figura.

Caixa

Pneu

Lata

Garrafa

TORNANDO VERDE

TEMOS QUE CULTIVAR PLANTAS PARA SALVAR O NOSSO MEIO AMBIENTE.

PINTE AS ETAPAS PARA PLANTAR UMA MUDA.

CAVE O SOLO E COLOQUE A PLANTA.

REGUE-A REGULARMENTE.

O NOSSO AMBIENTE

Atmosfera

O invólucro de ar ao redor da Terra se chama atmosfera.

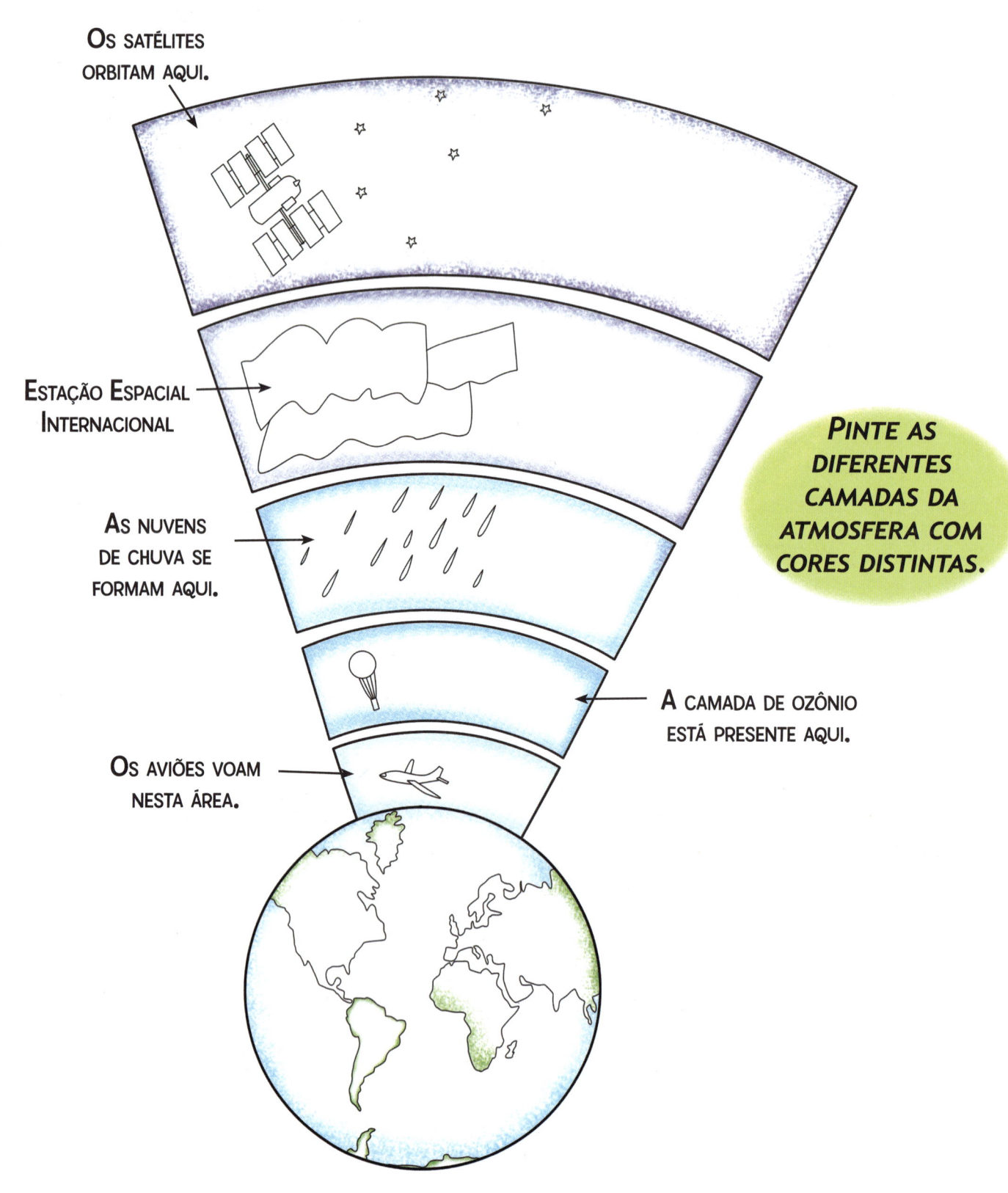

Os satélites orbitam aqui.

Estação Espacial Internacional

As nuvens de chuva se formam aqui.

A camada de ozônio está presente aqui.

Os aviões voam nesta área.

Pinte as diferentes camadas da atmosfera com cores distintas.

O NOSSO AMBIENTE

62

Lixo Reciclável

Lixo reciclável é aquele que pode ser processado e utilizado novamente.

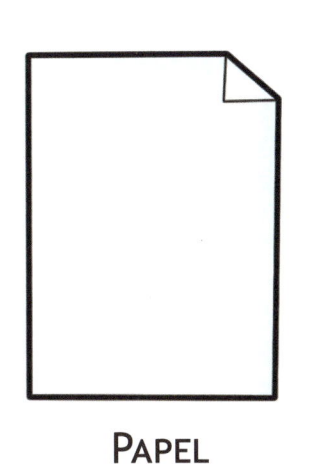

Pinte as figuras. Faça linhas para levar o lixo reciclável até a lixeira.

Papel

Garrafas de vidro

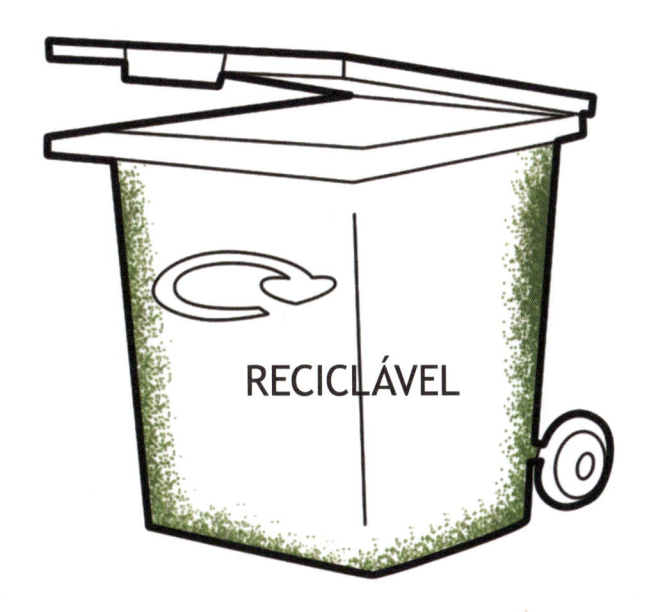

RECICLÁVEL

Papel de bala

Planta morta

Casca de laranja

Baterias

O NOSSO AMBIENTE

COMO UMA FLOR DESABROCHA?

A FLOR EMERGE COMO UM BOTÃO, QUE VAI AOS POUCOS SE TRANSFORMANDO EM UMA FLOR.

PINTE AS FIGURAS.

BOTÃO

FLOR

FENÔMENOS NATURAIS

O CICLO DE VIDA DE UMA BORBOLETA

As borboletas parecem diferentes nos diferentes estágios de seu crescimento.

Pinte as figuras.

Ovo

Lagarta

Pupa

Borboleta

FENÔMENOS NATURAIS

O Ciclo de Vida de um Sapo

Os sapos parecem diferentes nos diferentes estágios de seu crescimento.

Pinte as figuras.

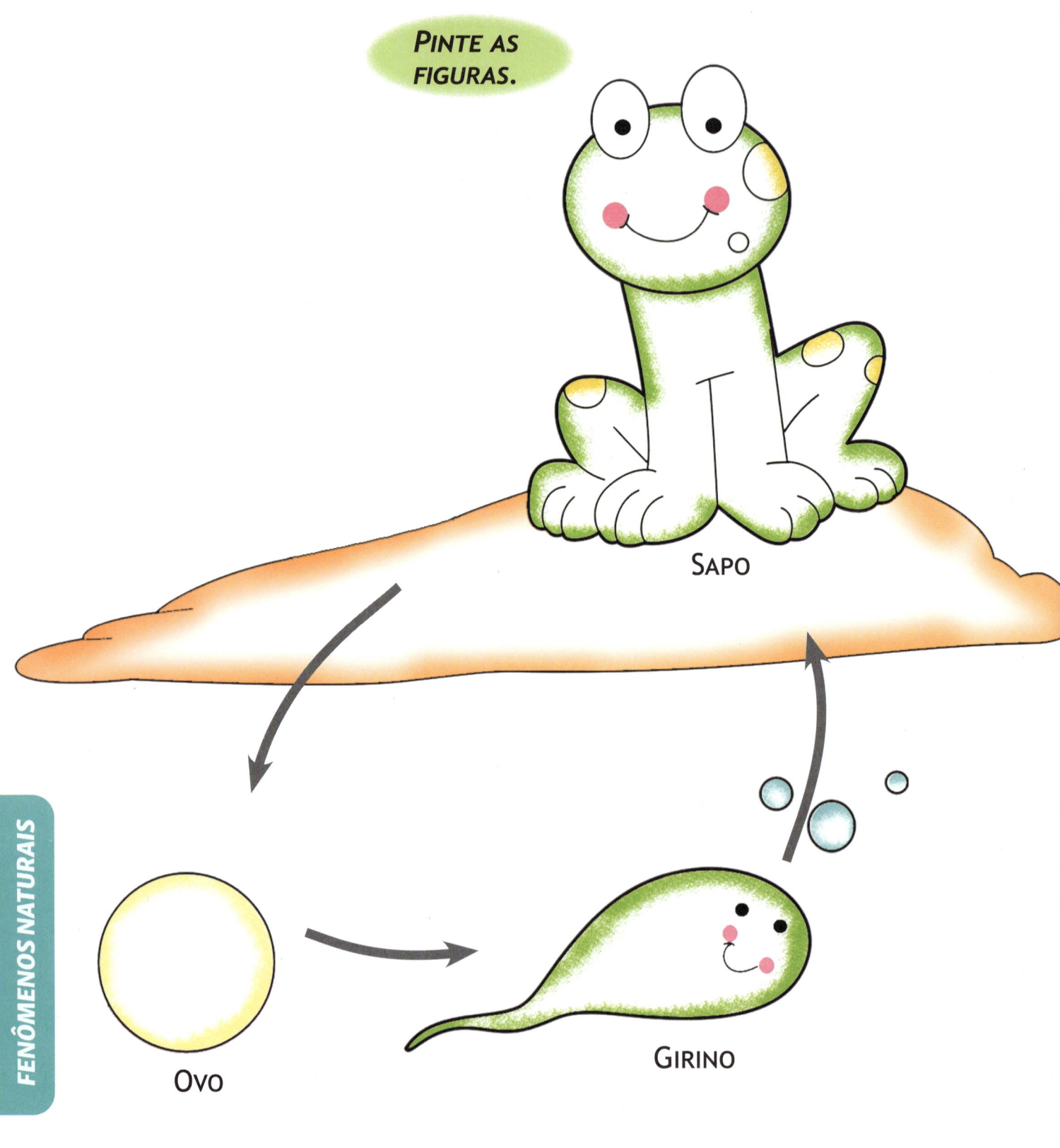

Sapo

Ovo

Girino

O Ciclo de Vida de uma Galinha

Uma galinha bota ovos. Quando o ovo racha, um pintinho sai de dentro.

Pinte as figuras.

Ovo

Pintinho

Galinha

FENÔMENOS NATURAIS

QUEM COME QUEM?

ALGUNS ANIMAIS COMEM PLANTAS. ALGUNS COMEM CARNE DE OUTROS ANIMAIS. CONHECEMOS ISSO COMO CADEIA ALIMENTAR.

PINTE AS FIGURAS.

CAPIM

CABRA

LEÃO

FENÔMENOS NATURAIS

68

Teia Alimentar

Muitas cadeias alimentares se ligam para formar uma teia alimentar.

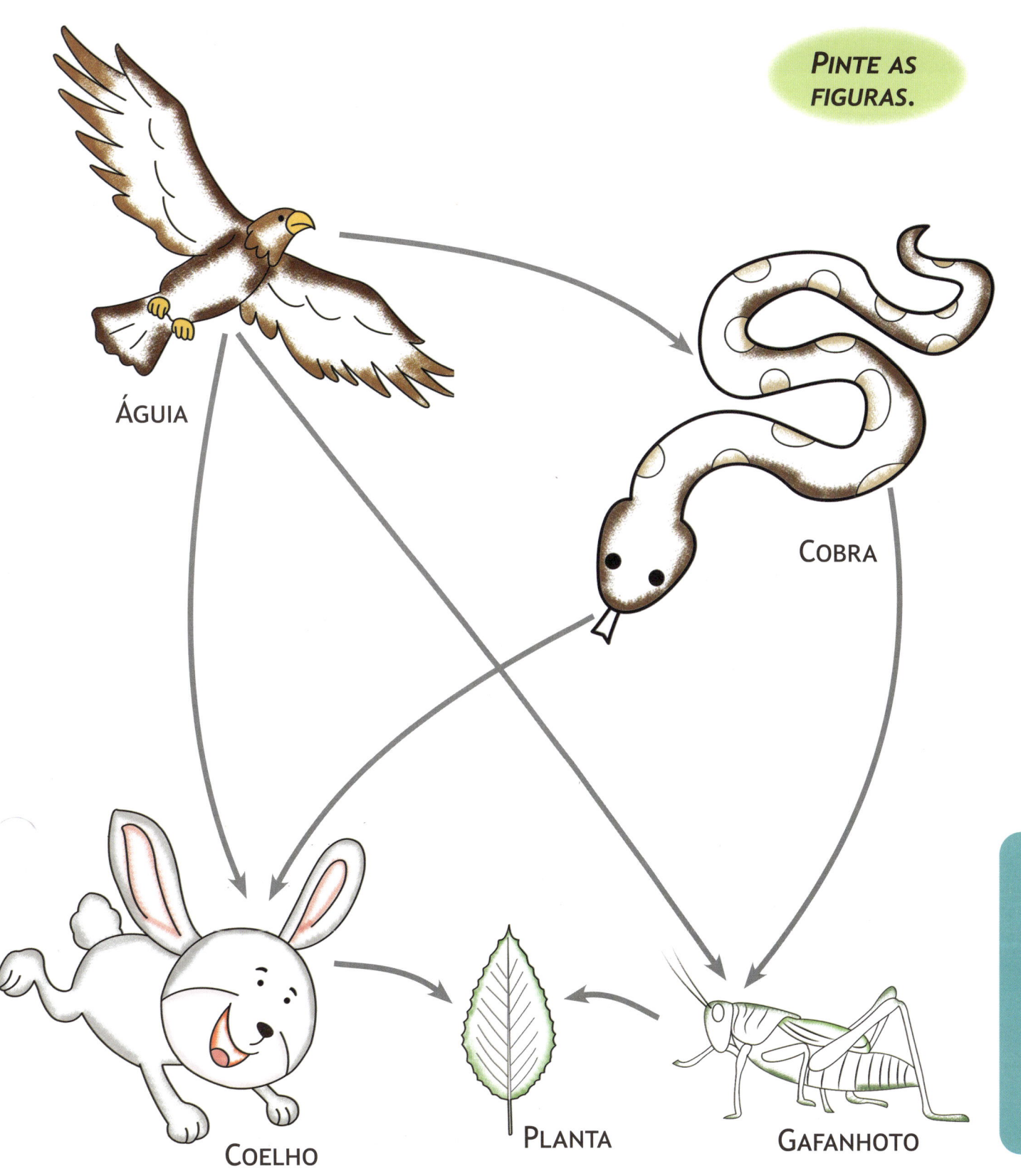

Pinte as figuras.

Águia

Cobra

Coelho

Planta

Gafanhoto

FENÔMENOS NATURAIS

CICLO DA ÁGUA

A ÁGUA MUDA DE UM ESTADO PARA OUTRO NA NATUREZA. CHAMAMOS ISSO DE CICLO DA ÁGUA.

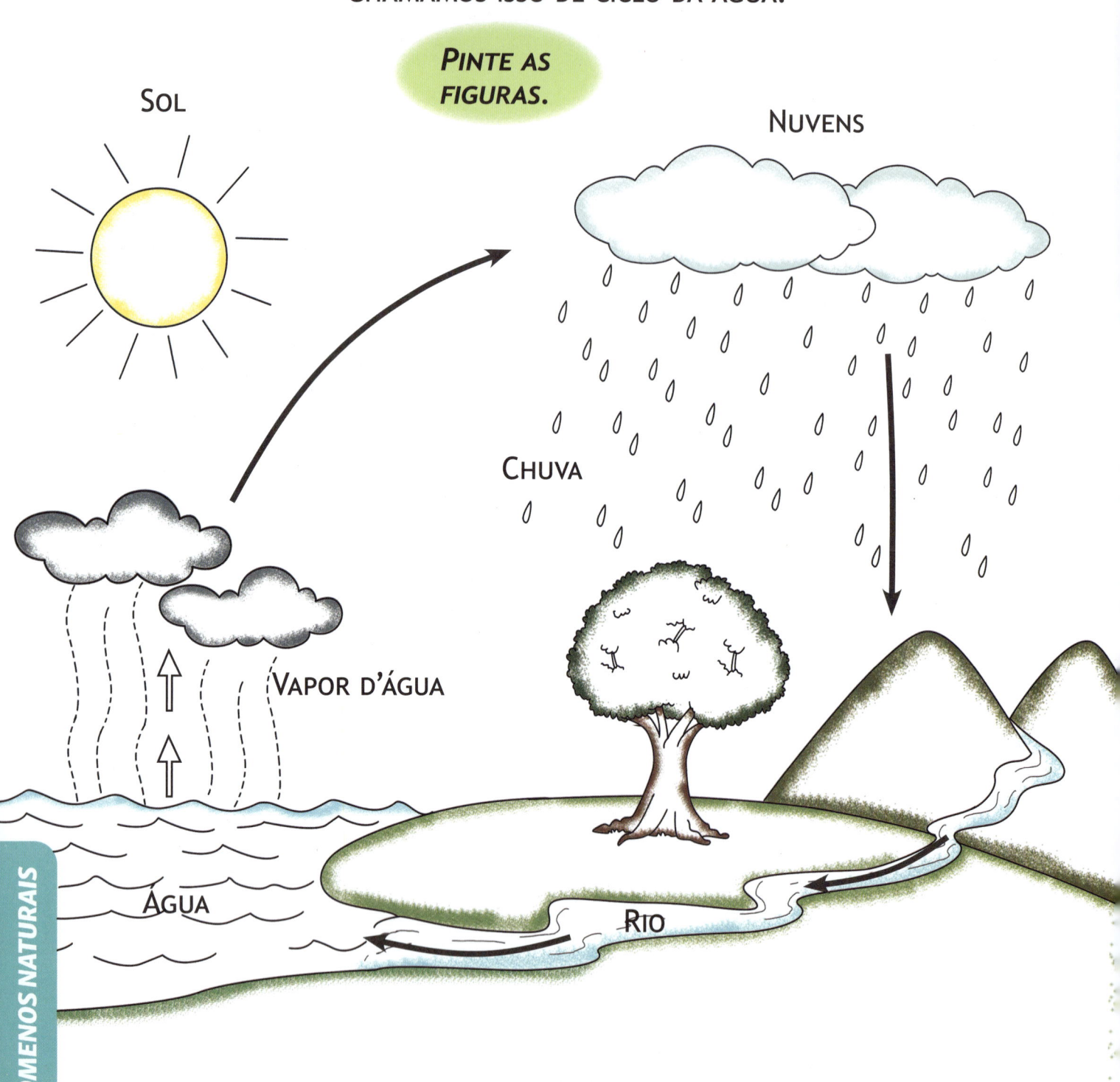

PINTE AS FIGURAS.

SOL

NUVENS

CHUVA

VAPOR D'ÁGUA

ÁGUA

RIO

O PROCESSO INTEIRO DO CICLO DA ÁGUA NA TERRA SÓ É POSSÍVEL DEVIDO À PRESENÇA DO SOL.

FENÔMENOS NATURAIS

Sólido, Líquido, Gasoso

A matéria existe em três estados: sólido, líquido e gasoso.

Sólido (gelo)

Líquido (água)

Gasoso (vapor)

A MATÉRIA E OS MATERIAIS

71

SÓLIDOS

Os sólidos têm forma e tamanho fixos.

Pinte as figuras. Circule os sólidos.

72

LÍQUIDOS

Os líquidos podem fluir. Eles não têm formato fixo.

Pinte as figuras. Circule os objetos que podem armazenar líquidos.

A MATÉRIA E OS MATERIAIS

Mudanças ao nosso Redor

Muitas mudanças acontecem ao nosso redor. Algumas mudanças causam transformação nas formas e na aparência.

Pinte as figuras. Ligue os correspondentes com uma linha.

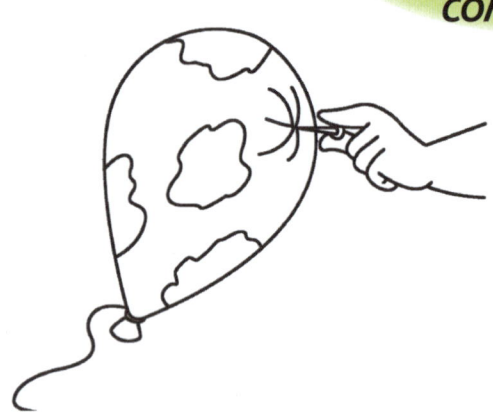

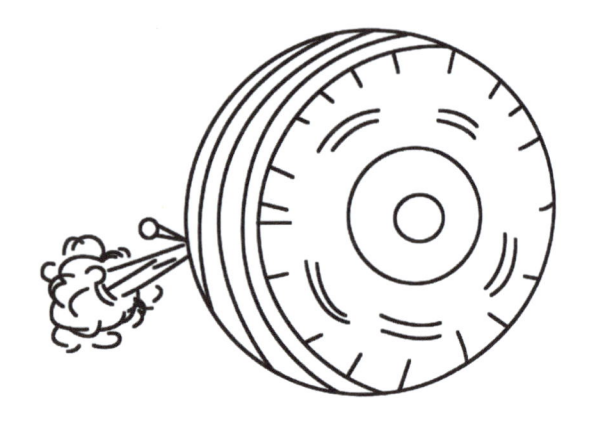

LISO OU ÁSPERO

Alguns objetos são lisos ao toque, enquanto outros têm textura áspera.

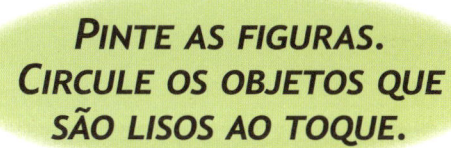

Pinte as figuras. Circule os objetos que são lisos ao toque.

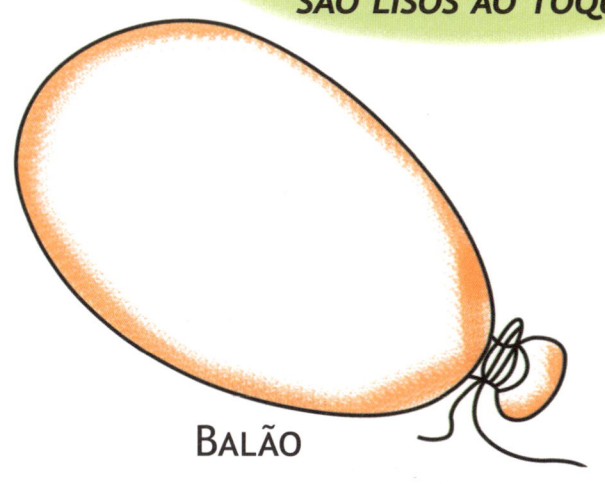

Balão

Toalha

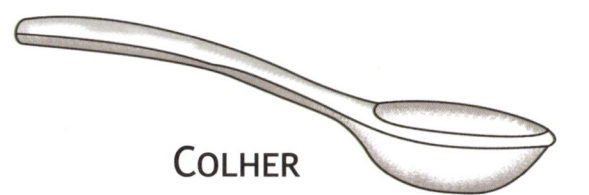

Colher

Abacaxi

Tomate

A MATÉRIA E OS MATERIAIS

LEVE OU PESADO

Alguns objetos são pesados, já outros são leves.

> Pinte as figuras. Marque (✓) aquele que é leve.

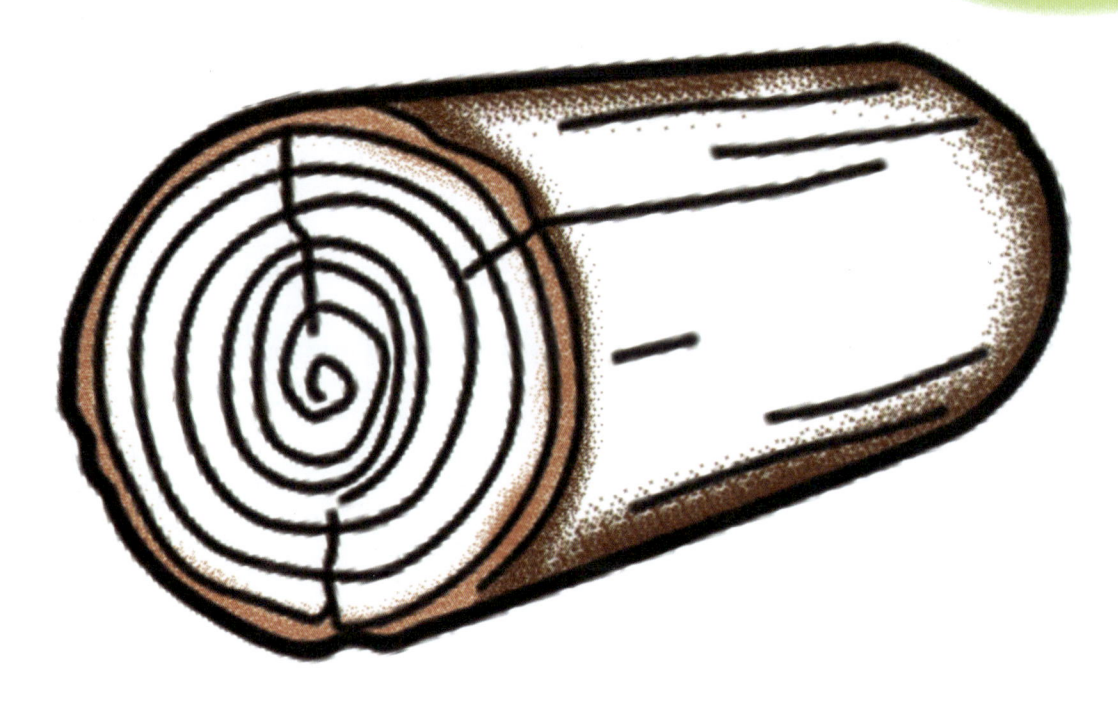

QUAL DESTES PODE SER EMPILHADO?

Objetos com superfícies planas podem ser empilhados.

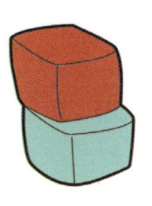

Pinte as figuras. Circule os objetos que podem ser empilhados.

FORMATOS, PUXÕES E EMPURRÕES

QUAL DESTES PODE DESLIZAR?

Objetos com superfícies lisas podem deslizar.

Pinte as figuras. Circule os objetos que podem deslizar.

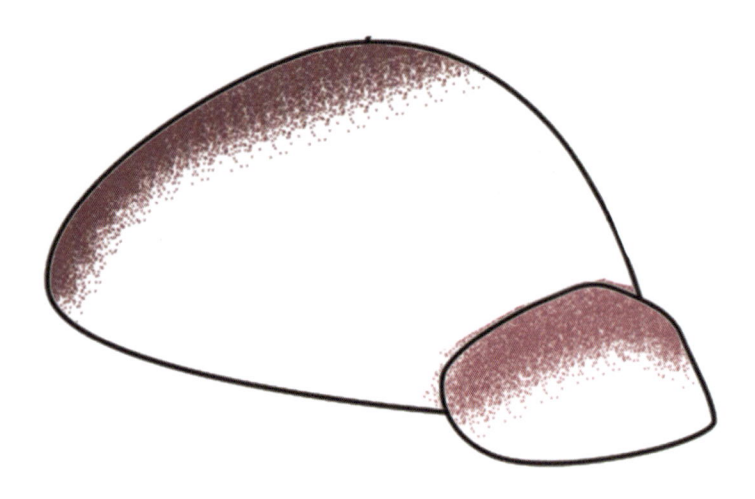

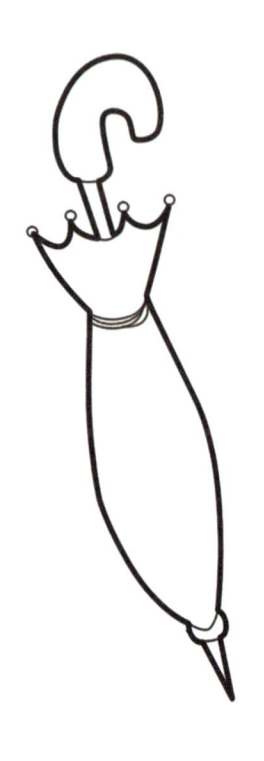

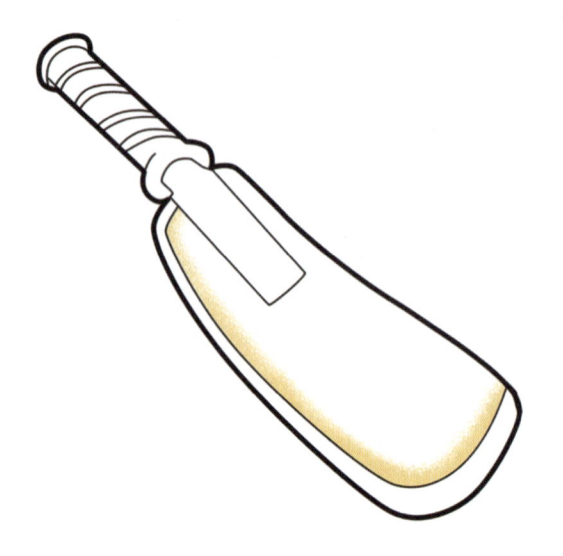

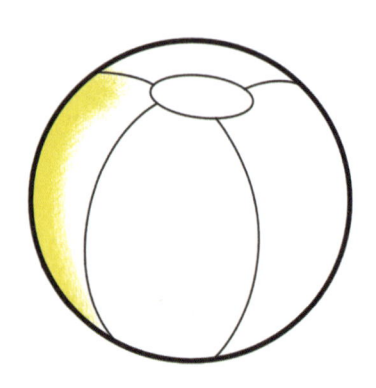

FORMATOS, PUXÕES E EMPURRÕES

Qual Destes Rola?

Objetos com superfícies curvadas podem rolar.

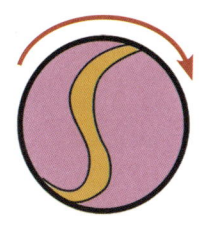

Pinte as figuras. Circule os objetos que podem rolar.

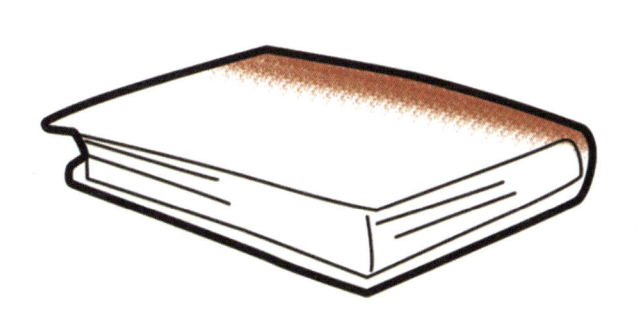

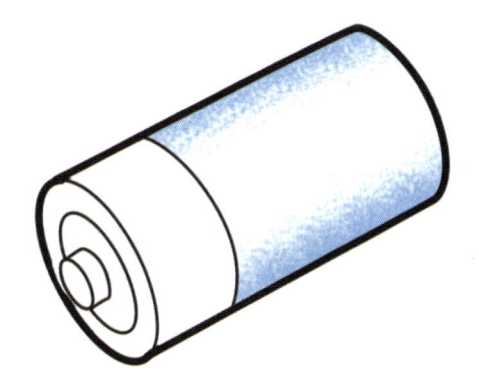

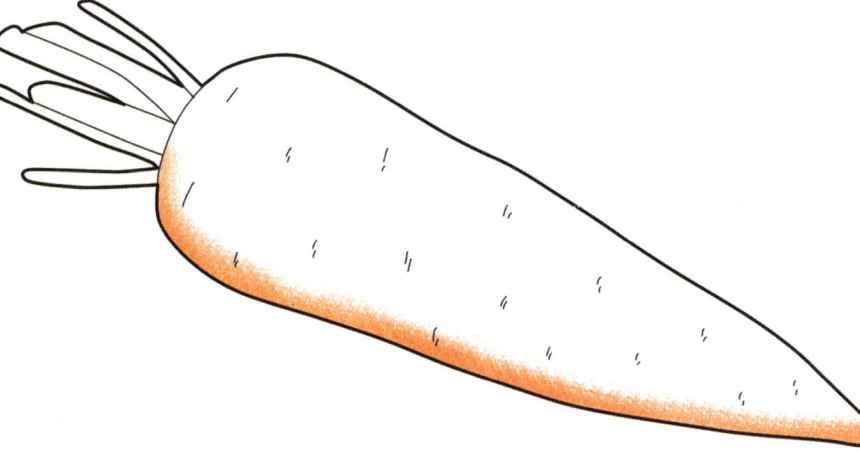

FORMATOS, PUXÕES E EMPURRÕES

79

RODAS

As rodas são arredondadas. Elas são utilizadas em diferentes meios de transporte.

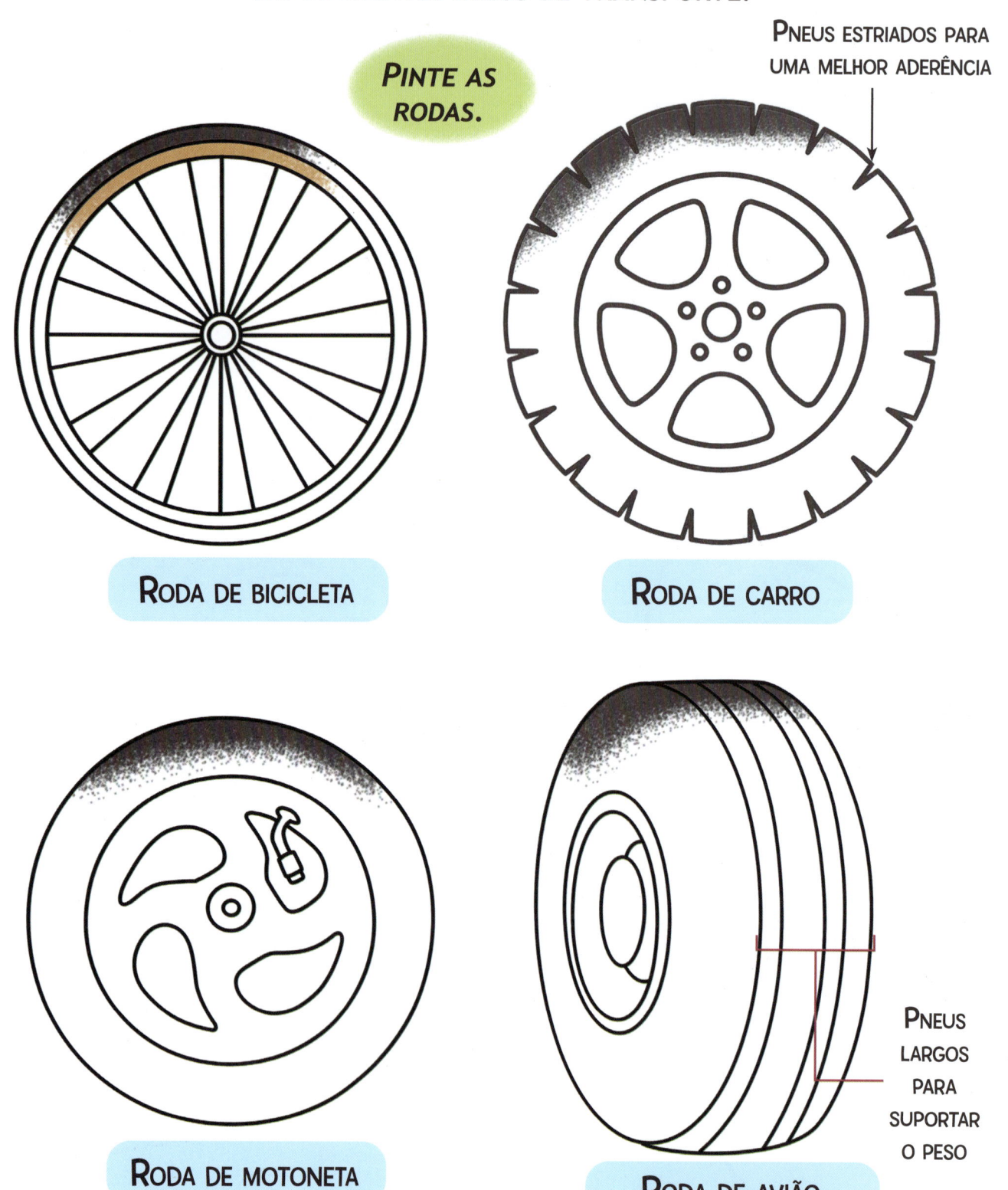

Pinte as rodas.

Pneus estriados para uma melhor aderência

Roda de bicicleta

Roda de carro

Roda de motoneta

Pneus largos para suportar o peso

Roda de avião

FORMATOS, PUXÕES E EMPURRÕES

Asas

Asas são estruturas que ajudam aviões, helicópteros e drones a voar.

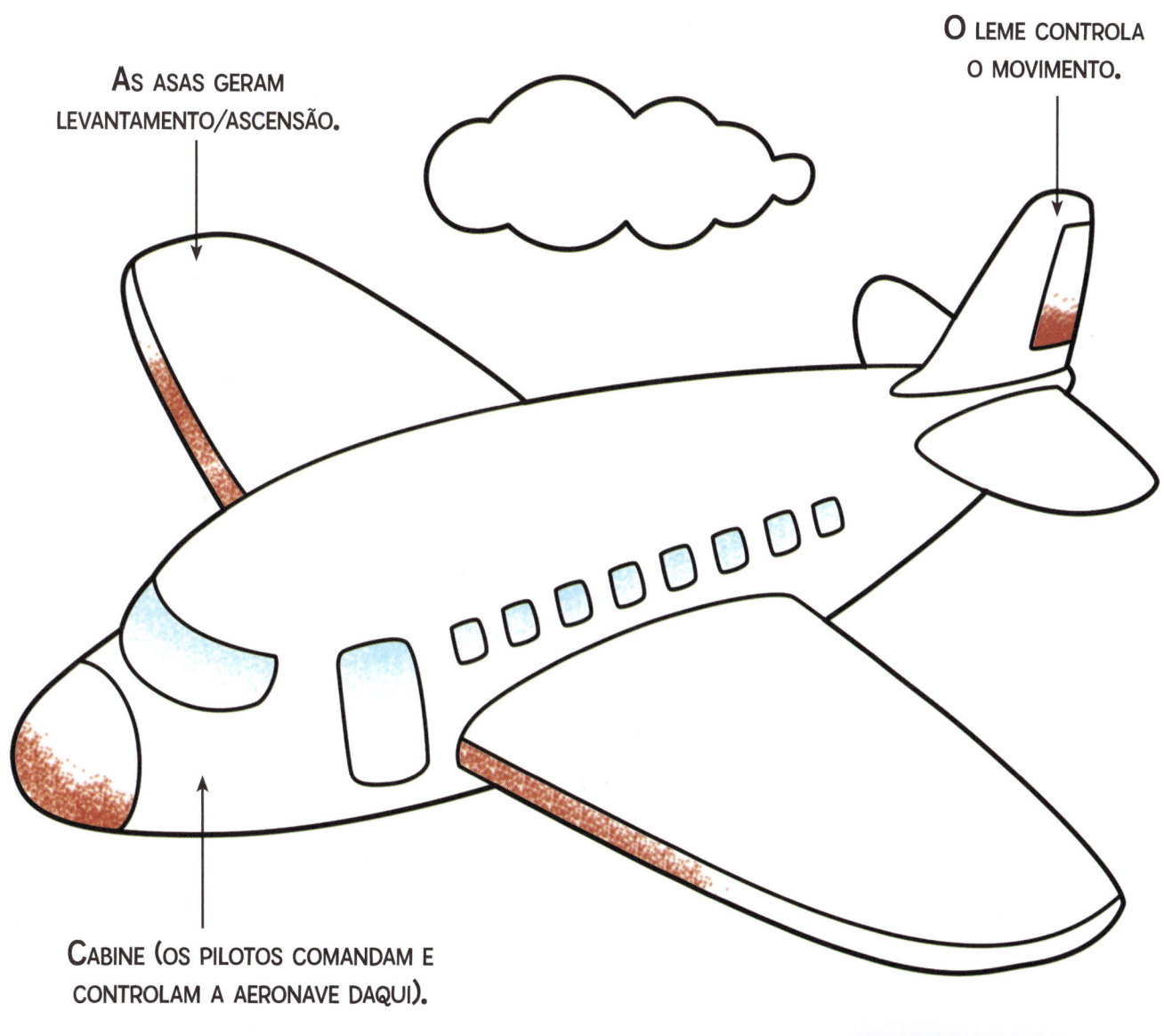

Pinte a figura.

As asas geram levantamento/ascensão.

O leme controla o movimento.

Cabine (os pilotos comandam e controlam a aeronave daqui).

Os *flaps* estão ligados às asas de um avião. Eles auxiliam as asas para pousos e decolagens suaves.

FORMATOS, PUXÕES E EMPURRÕES

Afundar ou Flutuar?

Um objeto afunda ou flutua na água devido a uma força chamada "empuxo", que tende a levantar o objeto.

> Pinte as figuras dos objetos que flutuam na água.

FORMATOS, PUXÕES E EMPURRÕES

POR QUE UM NAVIO NÃO AFUNDA?

Quando um navio navega, ele empurra a água para baixo. A água o empurra de volta com uma força igual chamada de empuxo.

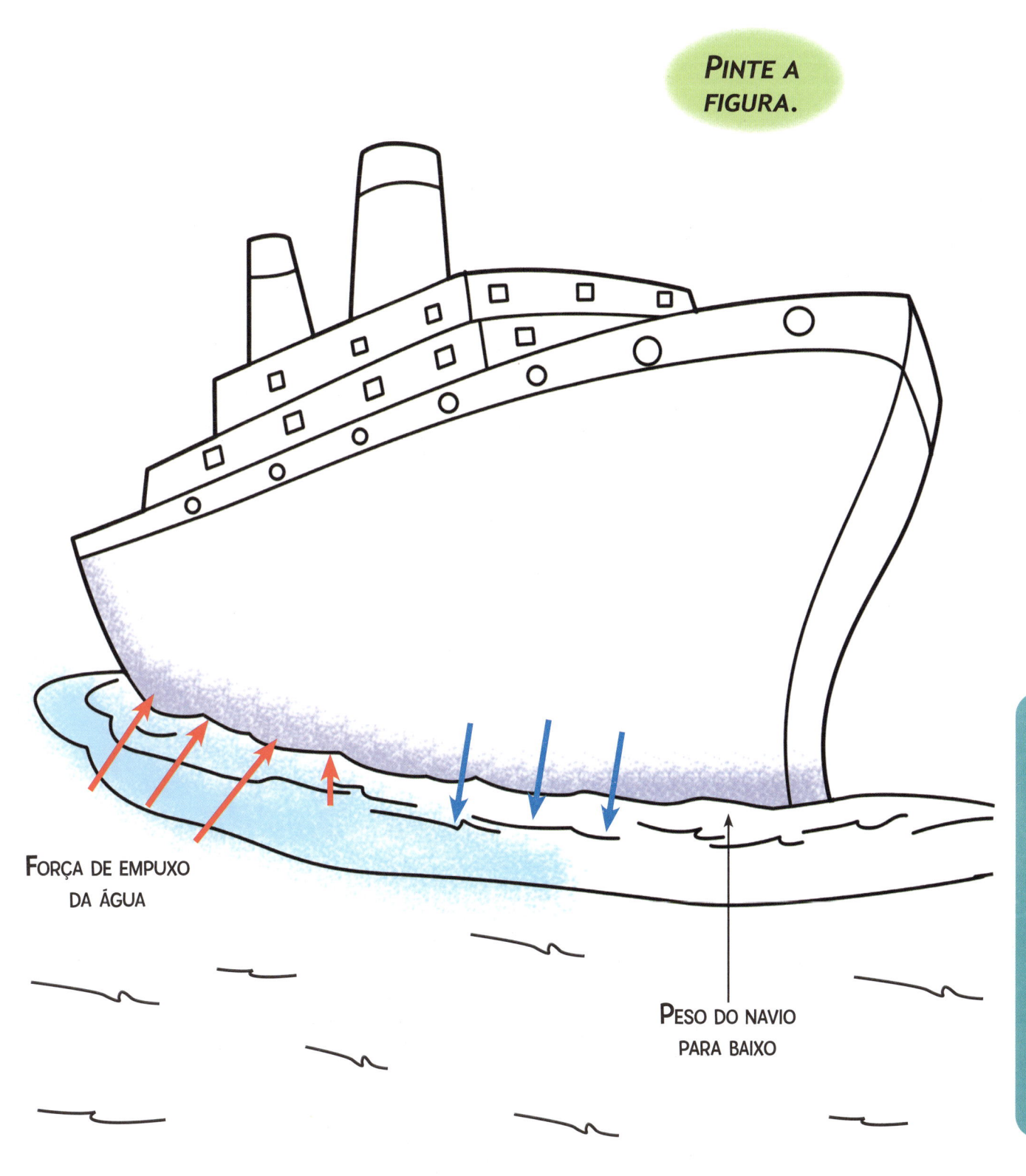

Pinte a figura.

Força de empuxo da água

Peso do navio para baixo

FORMATOS, PUXÕES E EMPURRÕES

ALIMENTO PARA AS PLANTAS

As plantas verdes produzem alimento pelo processo da fotossíntese. A luz solar, o ar, a água e o pigmento verde chamado "clorofila" fazem parte do processo.

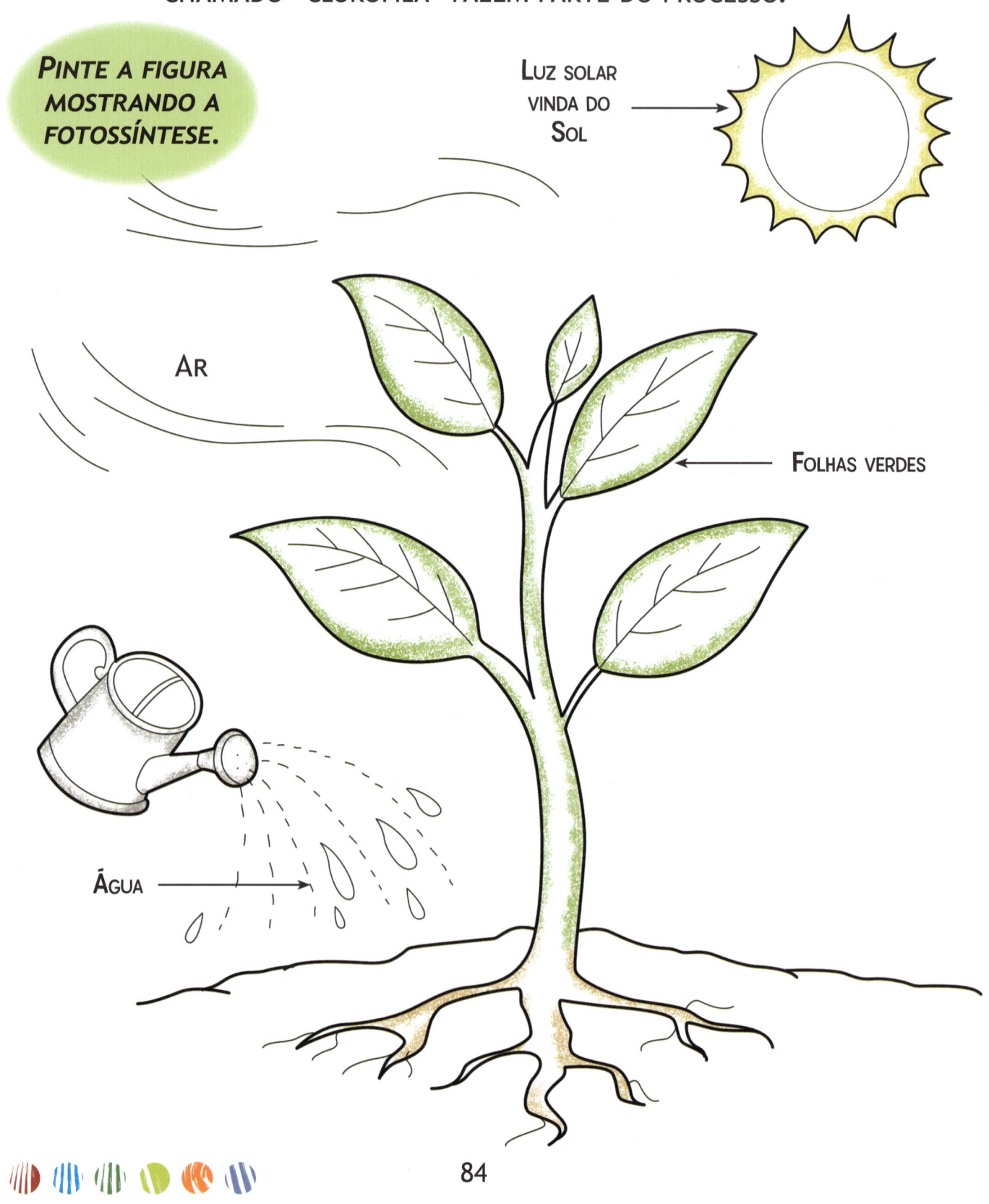

Pinte a figura mostrando a fotossíntese.

Luz solar vinda do Sol

Ar

Folhas verdes

Água

Movimento das Raízes

As plantas mostram movimento. As raízes descem e o caule sobe.

Pinte as plantas. Desenhe setas para mostrar a direção do movimento da raiz.

As raízes se movem na direção da água.

COMO AS PLANTAS CRESCEM

MOVIMENTO DO CAULE

AS PLANTAS PRECISAM DE LUZ PARA CRESCER.
MUITAS PLANTAS TENDEM A SE CURVAR EM DIREÇÃO À LUZ.

O CAULE SE CURVA EM DIREÇÃO À LUZ SOLAR.

As Plantas Respiram como Nós?

As plantas respiram por meio de minúsculas aberturas nas folhas chamadas "estômatos".

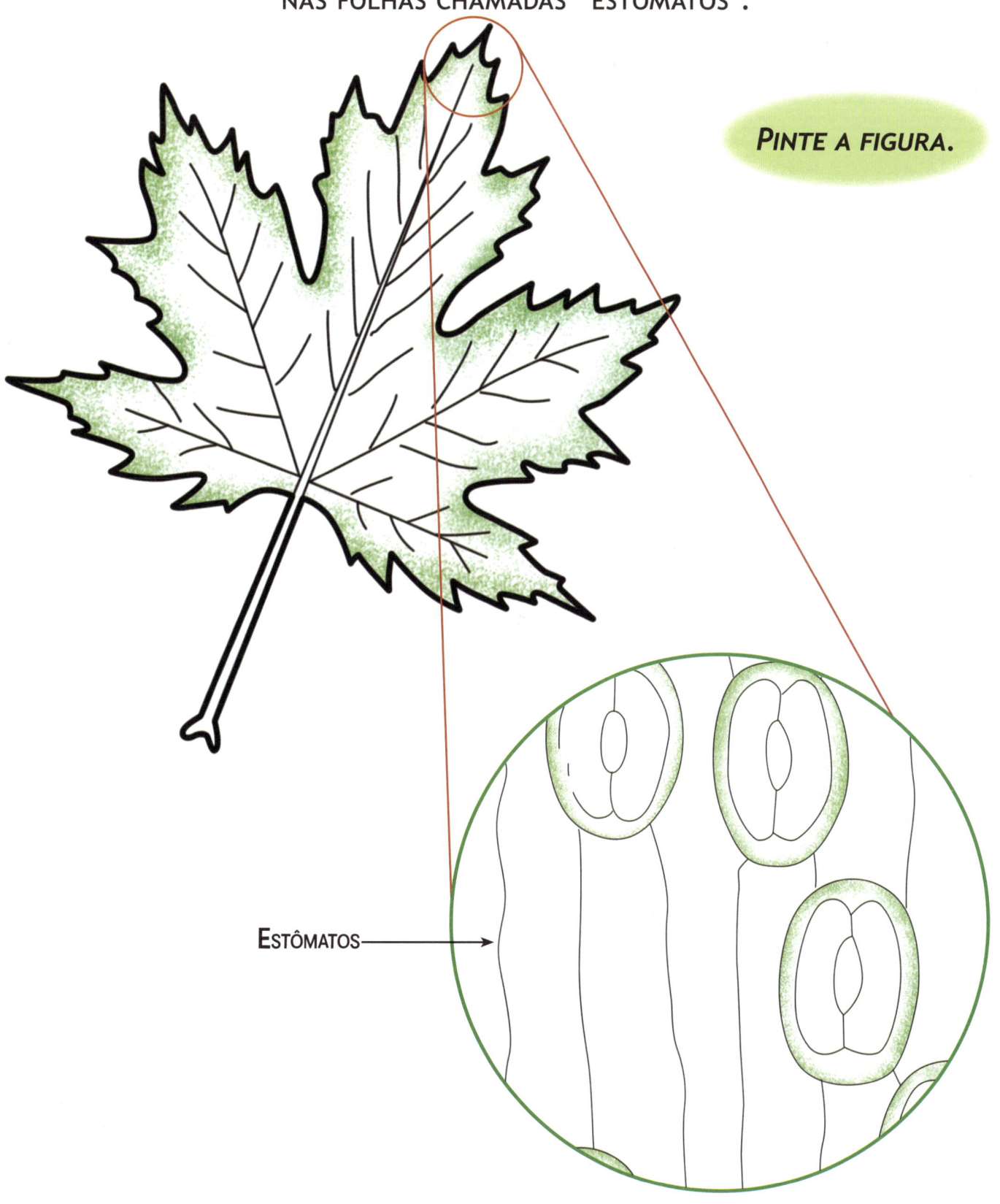

Pinte a figura.

Estômatos

COMO AS PLANTAS CRESCEM

A Germinação das Sementes

As plantas crescem a partir de sementes. Uma semente cresce quando recebe ar, água e calor.

Pinte as figuras.

1

2

3

COMO AS PLANTAS CRESCEM

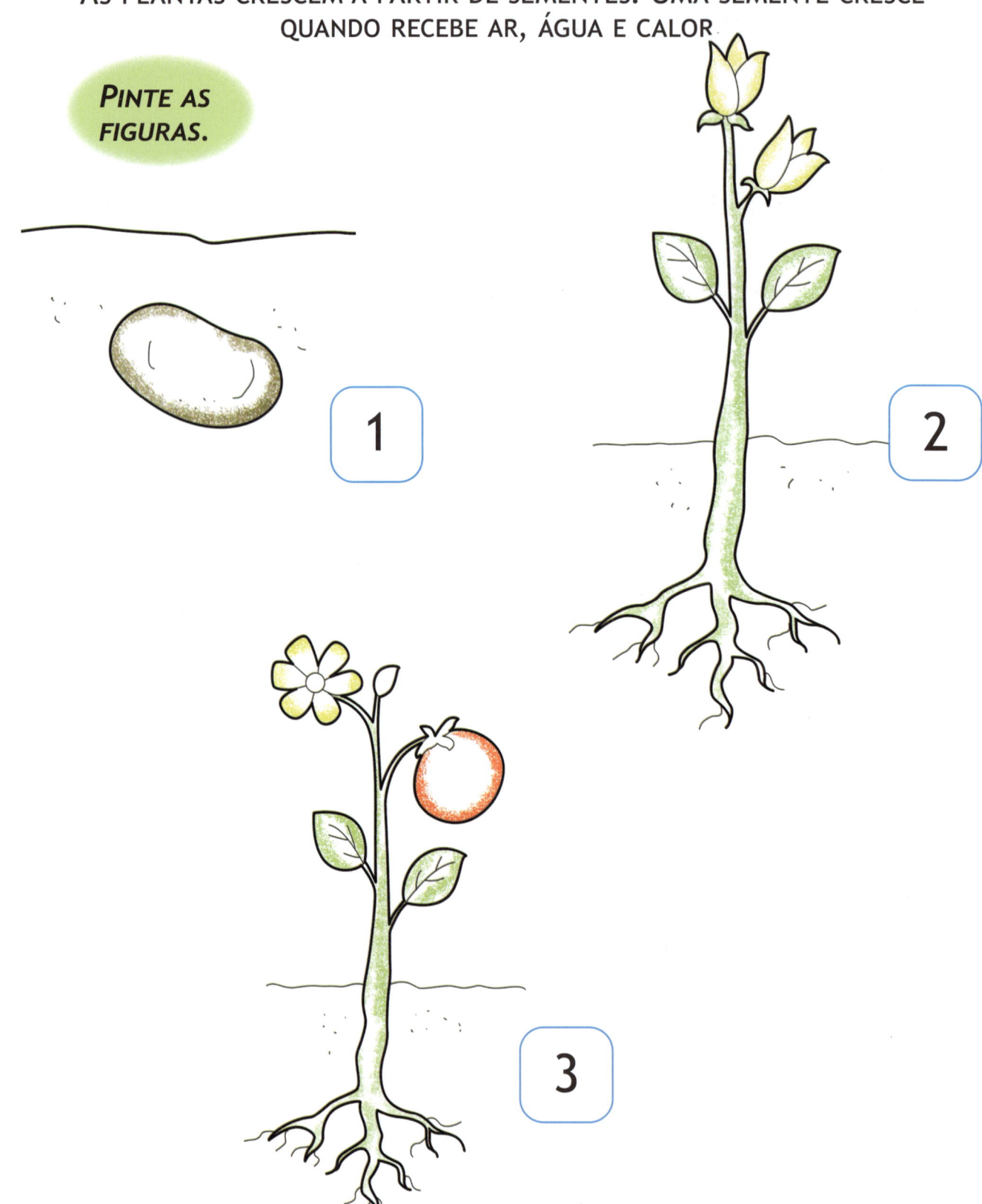

NOVAS PLANTAS A PARTIR DE VELHAS PLANTAS

Além de sementes, as plantas se reproduzem por meio de outras partes também.

→ Novas plantinhas

No briófilo (*bryophyllum*), as novas plantinhas crescem a partir das folhas.

Pinte as figuras.

Na batata, a nova planta cresce a partir de brotos chamados "olhos" em sua superfície.

COMO AS PLANTAS CRESCEM

O Ninho das Aves

Diferentes aves fazem tipos diferentes de ninhos. Os filhotes das aves têm bicos brilhantemente coloridos que mostram aos pais onde colocar a comida!

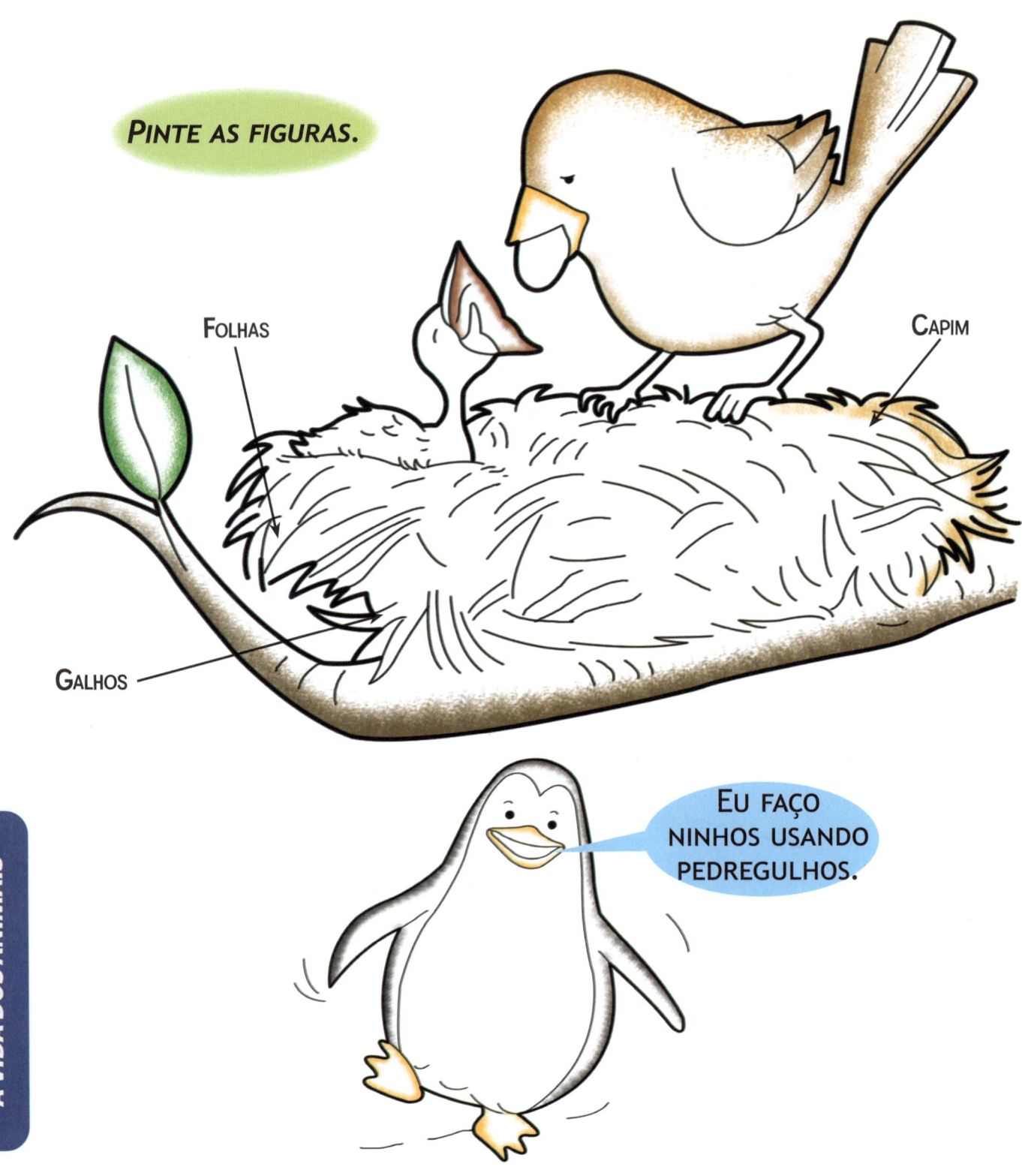

Pinte as figuras.

Folhas

Capim

Galhos

Eu faço ninhos usando pedregulhos.

A VIDA DOS ANIMAIS

CAMUFLAGEM

ALGUNS ANIMAIS FUNDEM-SE MUITO BEM COM OS ARREDORES. ELES NÃO PODEM SER AVISTADOS FACILMENTE POR SEUS INIMIGOS.

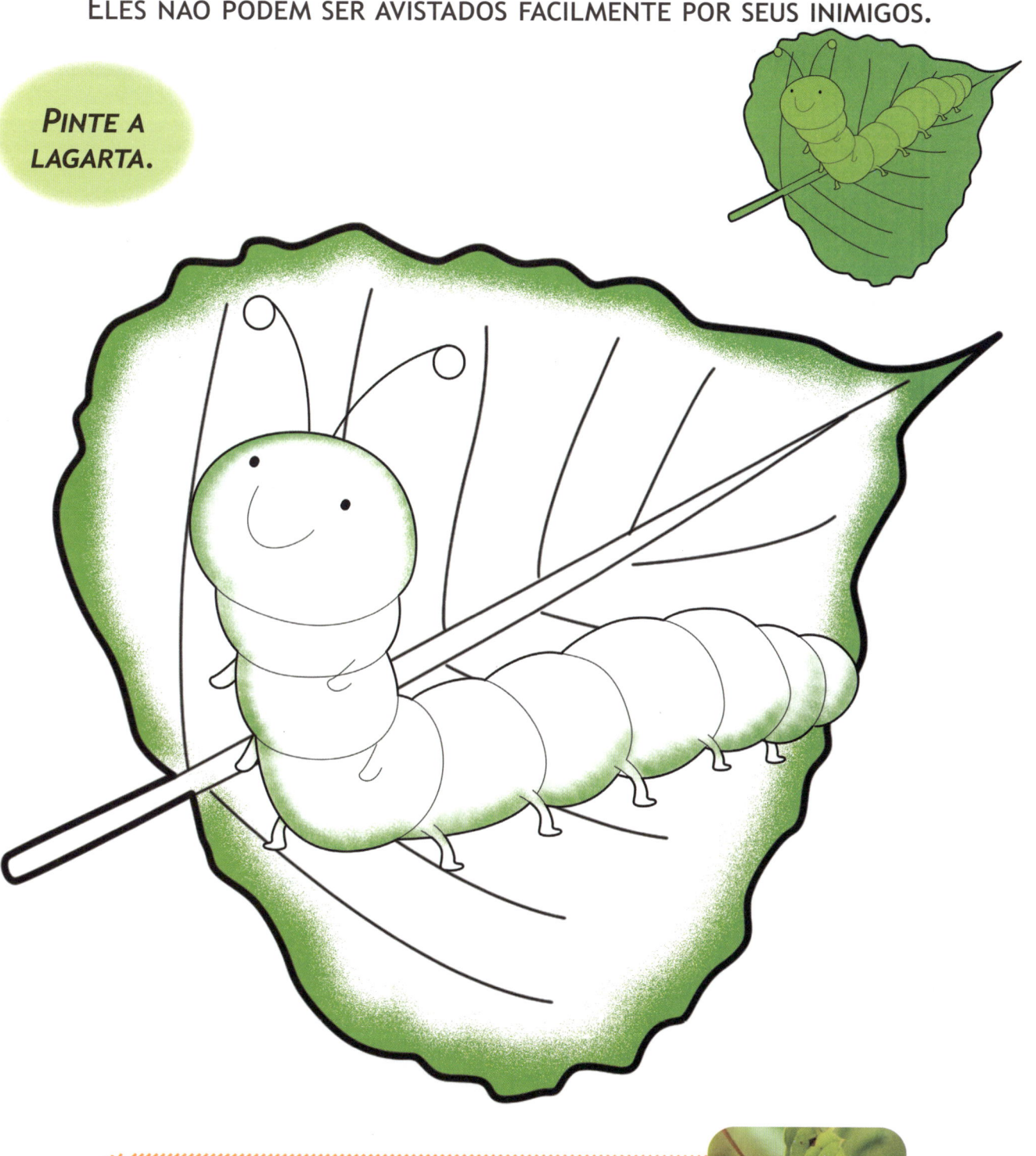

PINTE A LAGARTA.

ALÉM DA CAMUFLAGEM, ALGUMAS LAGARTAS DESENVOLVERAM OLHOS FALSOS PARA AFUGENTAR OS PREDADORES.

A VIDA DOS ANIMAIS

O Movimento nos Animais

Os animais têm maneiras diferentes de se movimentar de um lugar para outro. Alguns animais podem voar no céu e também se mover na terra e nadar.

Asas

Pinte os animais.

Pernas

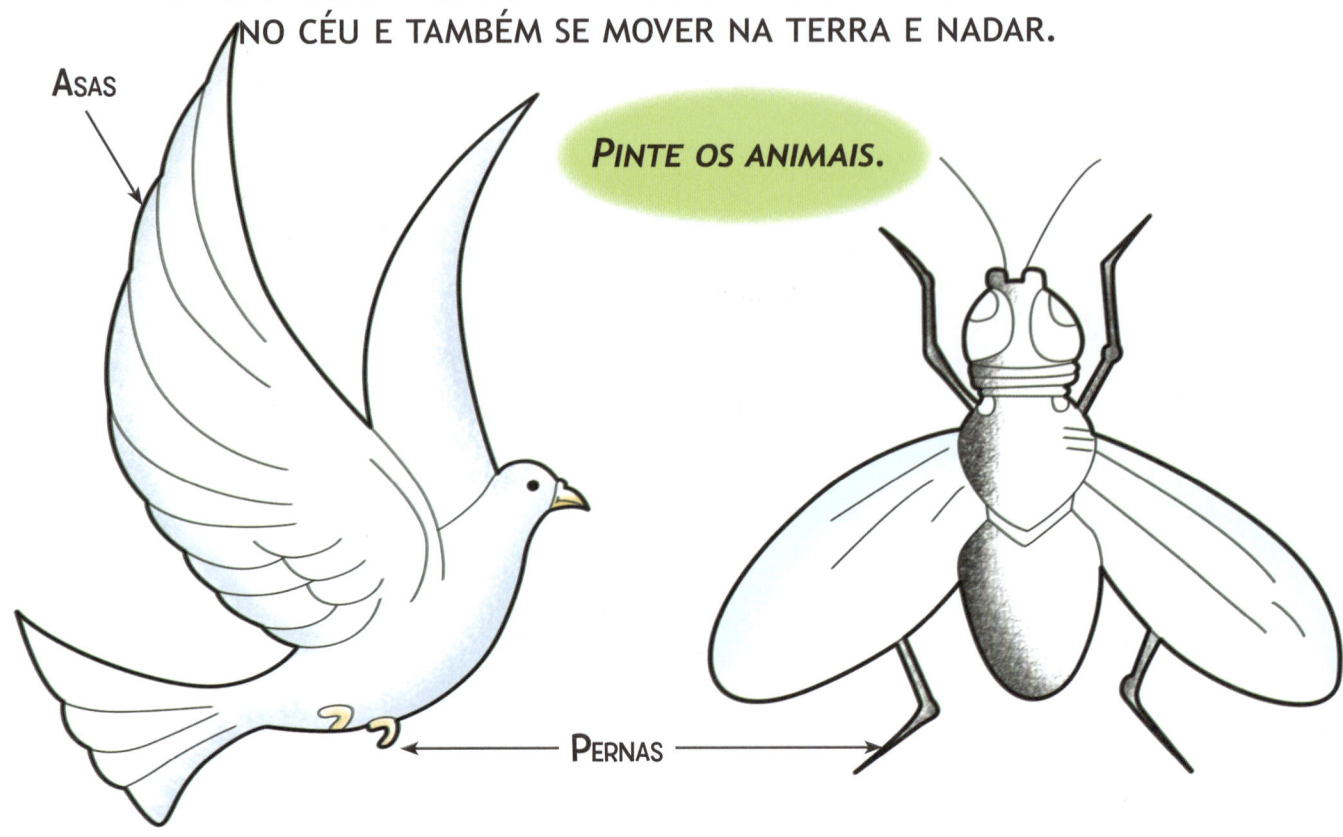

As aves podem VOAR e ANDAR.   A maioria dos insetos pode VOAR e ANDAR.

Membros semelhantes a remos

Uma tartaruga pode NADAR.

A VIDA DOS ANIMAIS

O Movimento nos Animais Terrestres

Os animais podem saltar, pular, saltitar, correr, deslizar, escalar e mostrar vários movimentos.

Pinte as figuras.

Pernas

Um leão pode ANDAR, CORRER e ESCALAR.

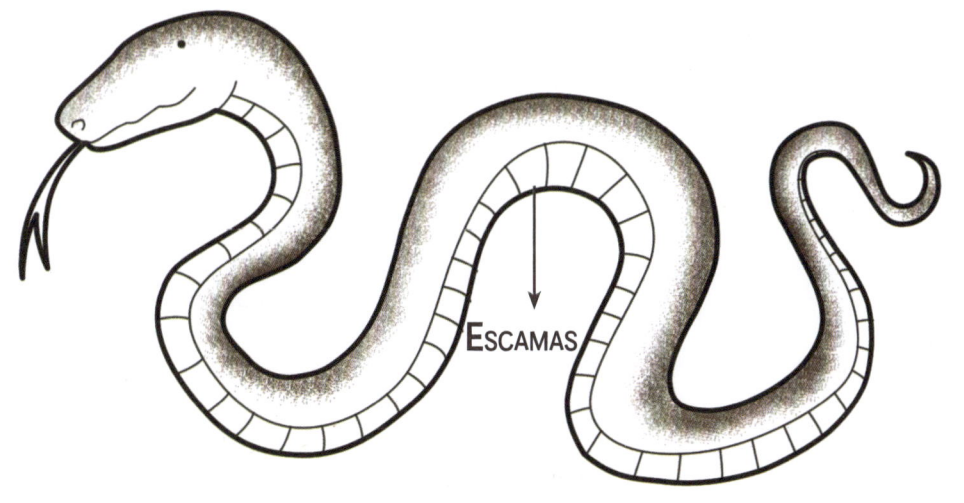

Escamas

As cobras DESLIZAM.

A VIDA DOS ANIMAIS

Camada Corporal: Escamas e Conchas

As camadas corporais dos animais os protegem de perigos e os ajudam a se esconder dos seus inimigos.

Pinte as figuras.

Escamas

Peixe

Carapaça

Tartaruga

A VIDA DOS ANIMAIS

CAMADA CORPORAL: PELOS E PENAS

As penas proporcionam isolamento e ajudam as aves a voar.
Os pelos mantêm o urso aquecido em temperaturas extremamente frias.

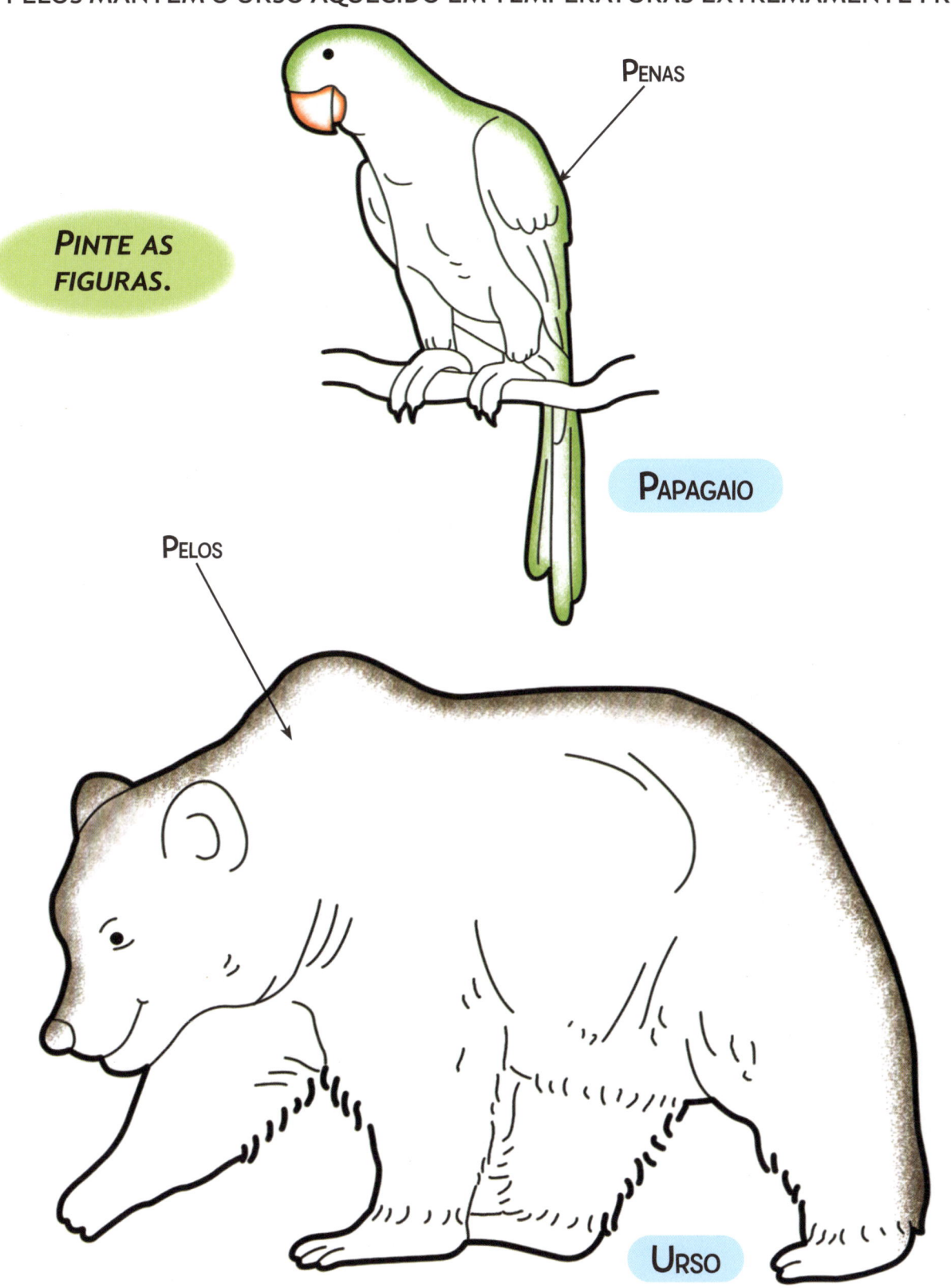

Penas

Pinte as figuras.

Papagaio

Pelos

Urso

A VIDA DOS ANIMAIS

95

O QUE EMITE LUZ?

OBJETOS QUE EMITEM LUZ SÃO CHAMADOS DE OBJETOS LUMINOSOS.

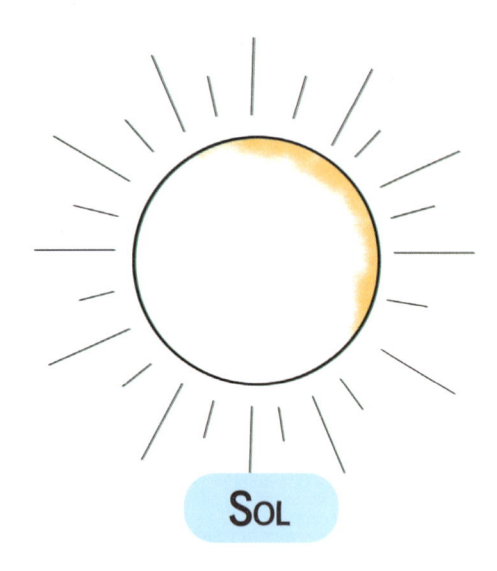

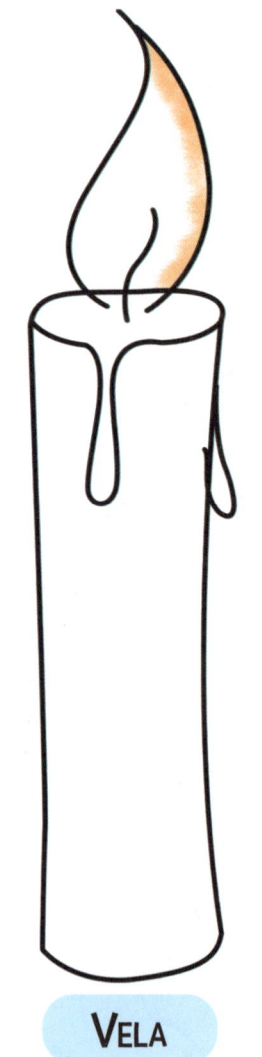

PINTE OS OBJETOS LUMINOSOS.

SOL

LÂMPADA

VELA

LANTERNA

LUZ E SOM

96

Sombras ao Longo do Dia

A sombra se forma toda vez que houver um corpo ou um objeto bloqueando o caminho da luz e, ao ar livre, a sombra muda ao longo do dia. Isso se dá pelo movimento de rotação da Terra. Então, observe as suas sombras mudares enquanto você brinca!

Pinte a sombra das crianças. Lembre-se de que uma sombra é sempre preta.

Manhã
As sombras são longas e apontam para o lado oposto do sol nascente.

Meio-Dia
As sombras são bem pequenas e ficam quase debaixo de você.

Tarde
As sombras ficam longas de novo, mas apontam para o lado oposto do sol poente.

Centenas de anos atrás, as pessoas observavam o jeito que as sombras eram formadas pelo sol e fizeram os primeiros relógios do mundo: os relógios de sol.

LUZ E SOM

INSTRUMENTOS MUSICAIS DE PERCUSSÃO

Os instrumentos de percussão produzem som quando se bate neles.

Pinte as figuras.

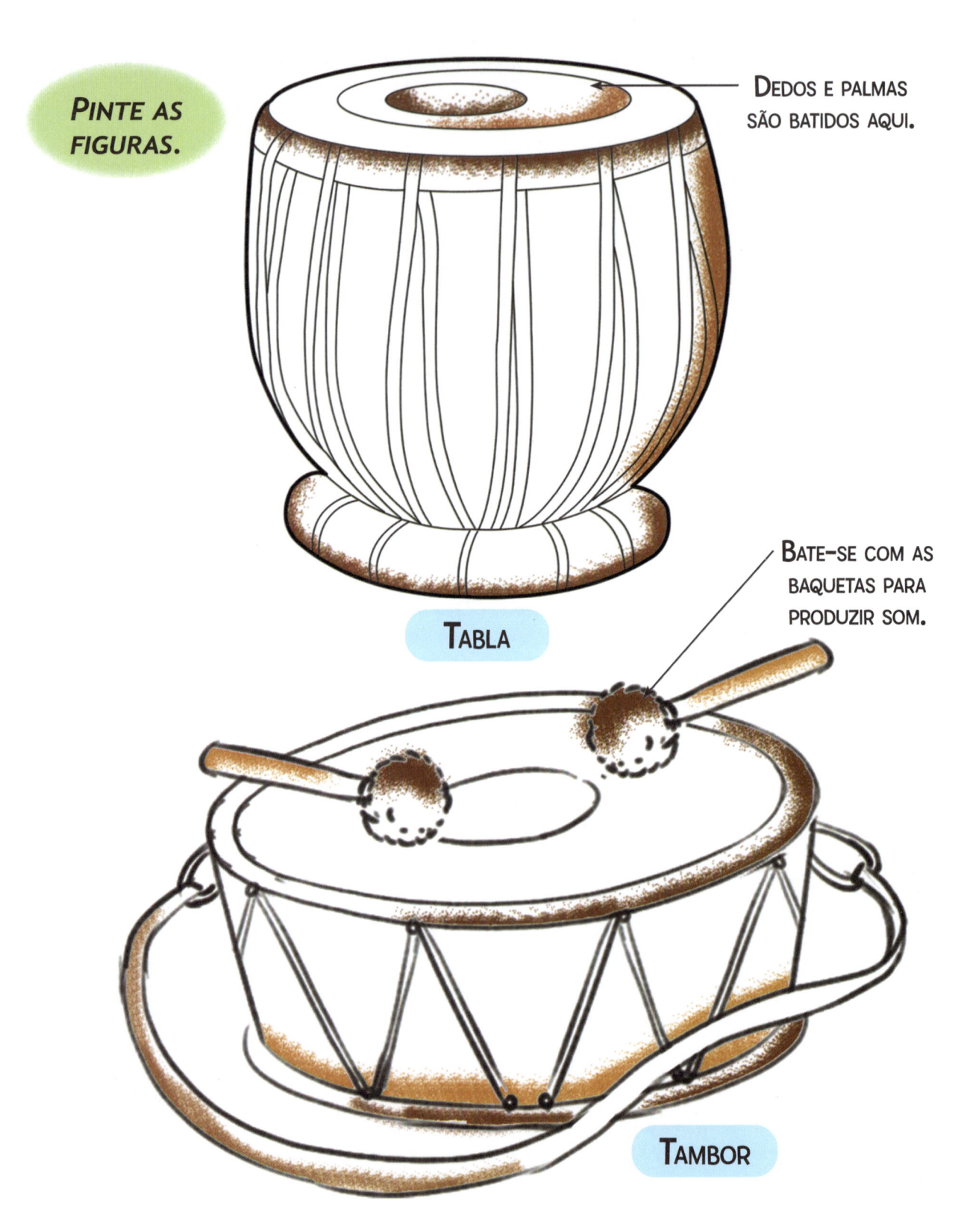

Dedos e palmas são batidos aqui.

TABLA

Bate-se com as baquetas para produzir som.

TAMBOR

Instrumentos de Corda e Sopro

Instrumentos de corda produzem som quando suas cordas são dedilhadas ou quando um arco é friccionado contra as cordas. Nos instrumentos de sopro, você tem que bombear ar para dentro do instrumento para produzir som.

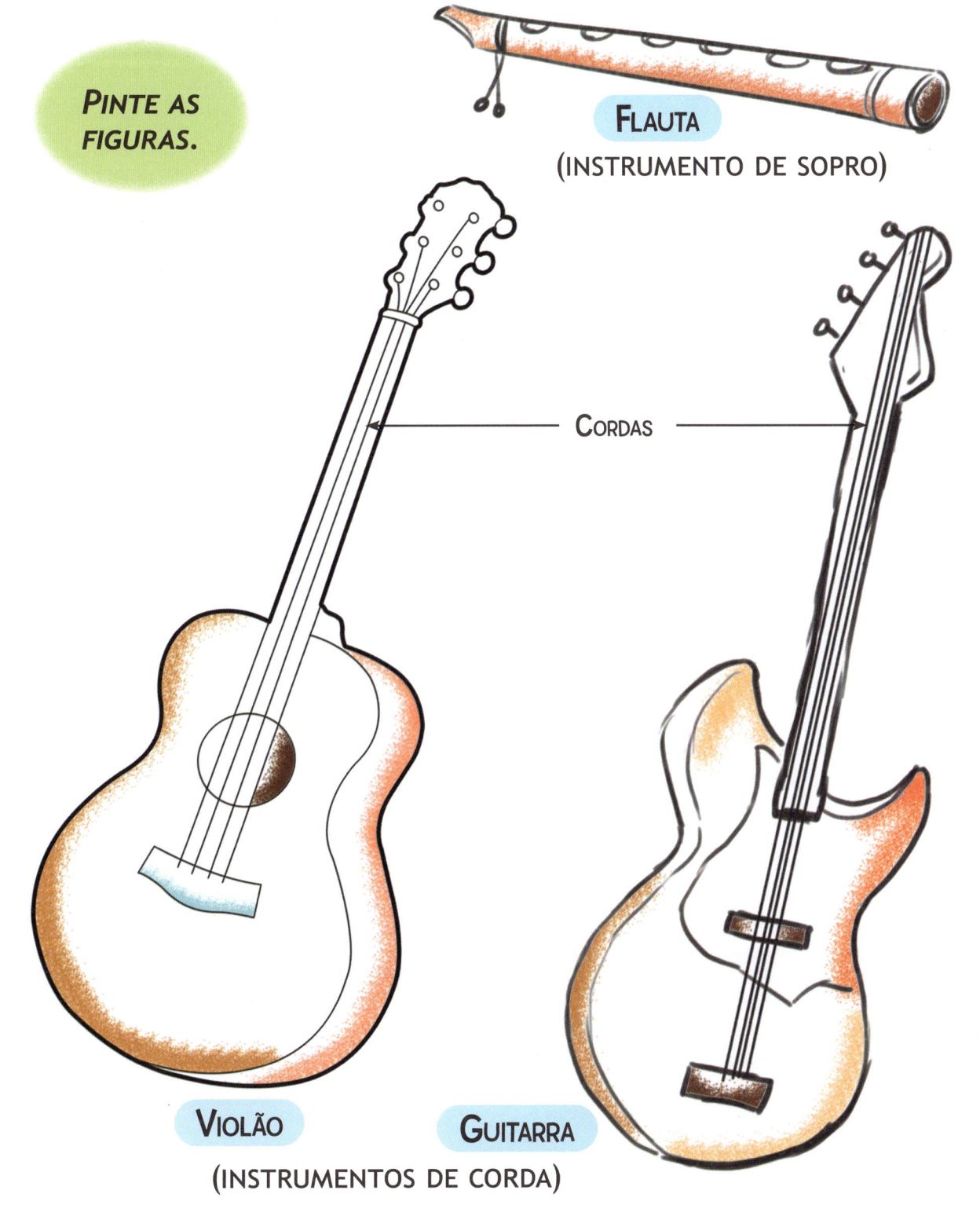

Pinte as figuras.

Flauta
(instrumento de sopro)

Cordas

Violão **Guitarra**
(instrumentos de corda)

LUZ E SOM

99

ÓRGÃOS INTERNOS: ESTÔMAGO E CÉREBRO

O ESTÔMAGO É UMA PARTE DO SISTEMA DIGESTÓRIO, ENQUANTO O CÉREBRO É UMA PARTE DO SISTEMA NERVOSO.

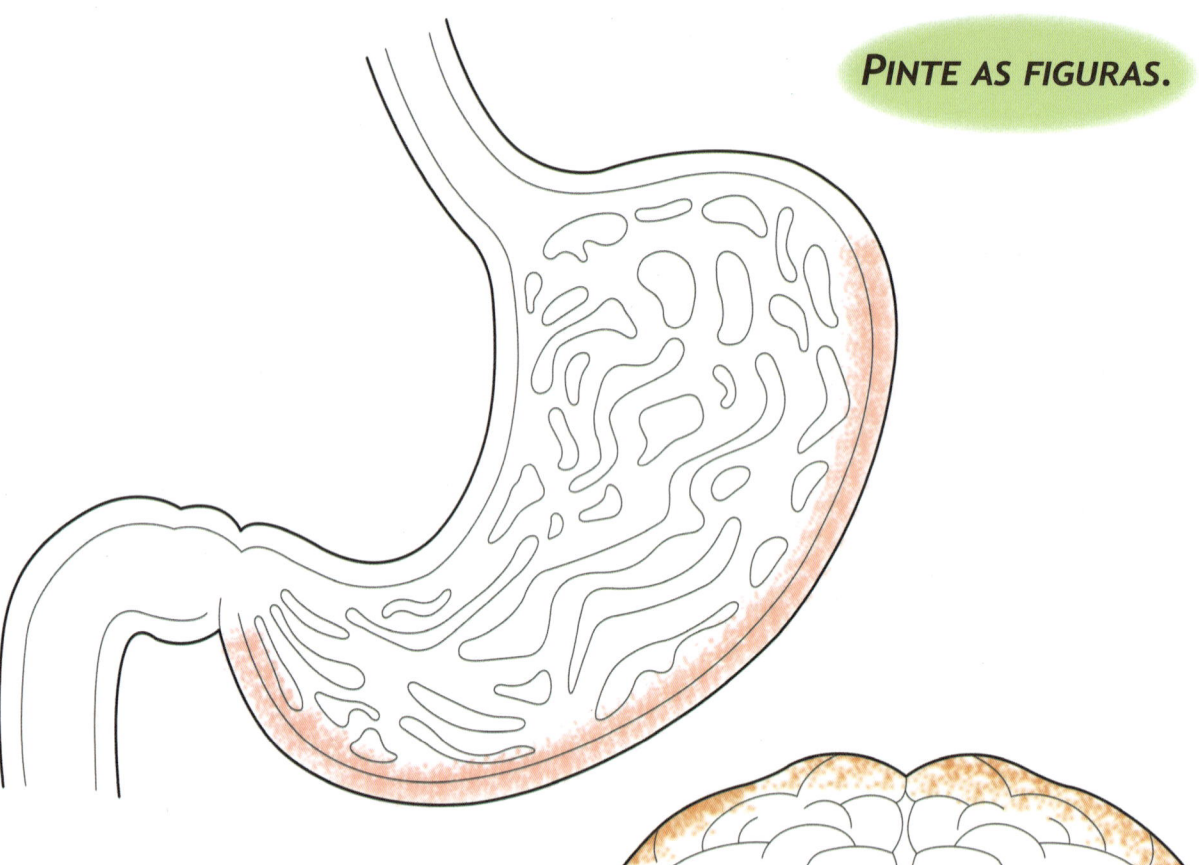

PINTE AS FIGURAS.

O ESTÔMAGO ARMAZENA E DIGERE A COMIDA.

AS PARTES DO NOSSO CORPO QUE ESTÃO PRESENTES DENTRO DELE SÃO CHAMADAS DE ÓRGÃOS INTERNOS. ELAS FAZEM PARTE DE DIVERSOS SISTEMAS CORPORAIS.

O CÉREBRO CONTROLA E COORDENA AS FUNÇÕES DO CORPO.

CORPO HUMANO

ÓRGÃOS INTERNOS: PULMÕES E CORAÇÃO

OS PULMÕES FAZEM PARTE DO SISTEMA RESPIRATÓRIO, ENQUANTO O CORAÇÃO FAZ PARTE DO SISTEMA CIRCULATÓRIO.

PINTE AS FIGURAS.

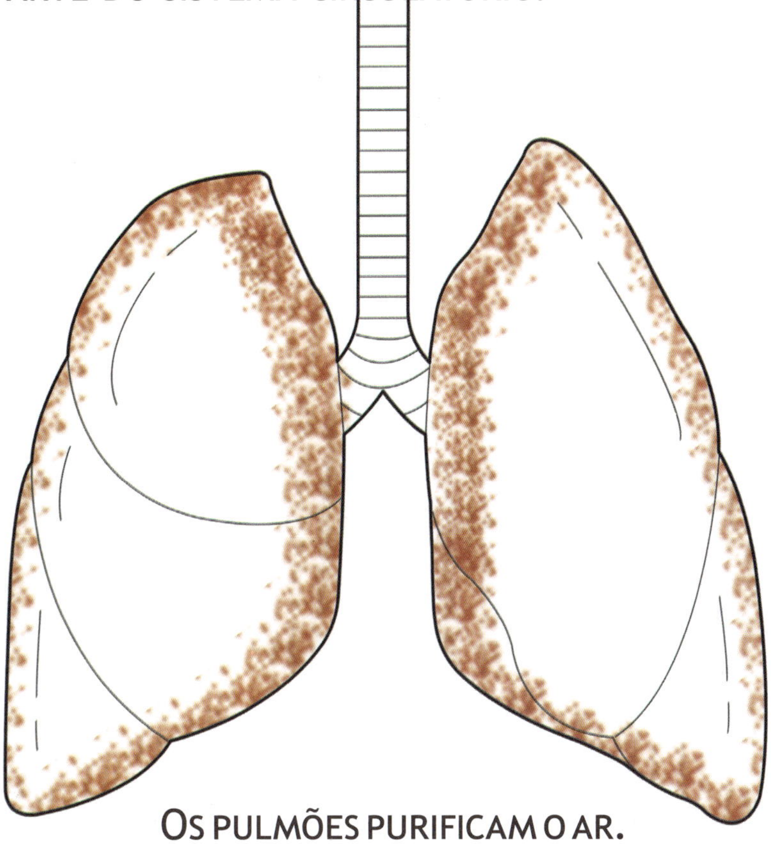

OS PULMÕES PURIFICAM O AR.

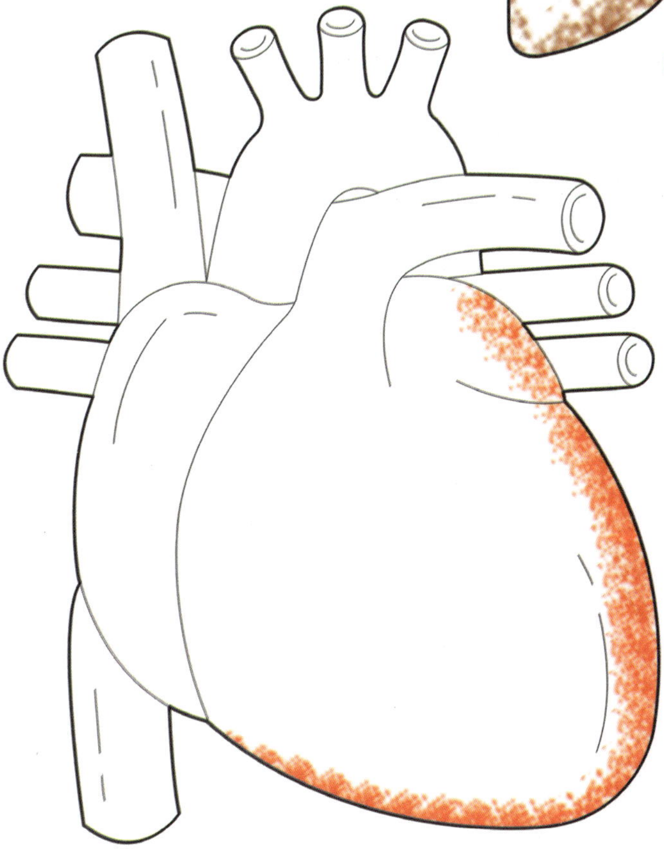

O CORAÇÃO BOMBEIA O SANGUE.

CORPO HUMANO

ÓRGÃOS INTERNOS: INTESTINOS E RINS

OS INTESTINOS FAZEM PARTE DO SISTEMA DIGESTÓRIO, ENQUANTO OS RINS FAZEM PARTE DO SISTEMA EXCRETÓRIO.

PINTE A FIGURA.

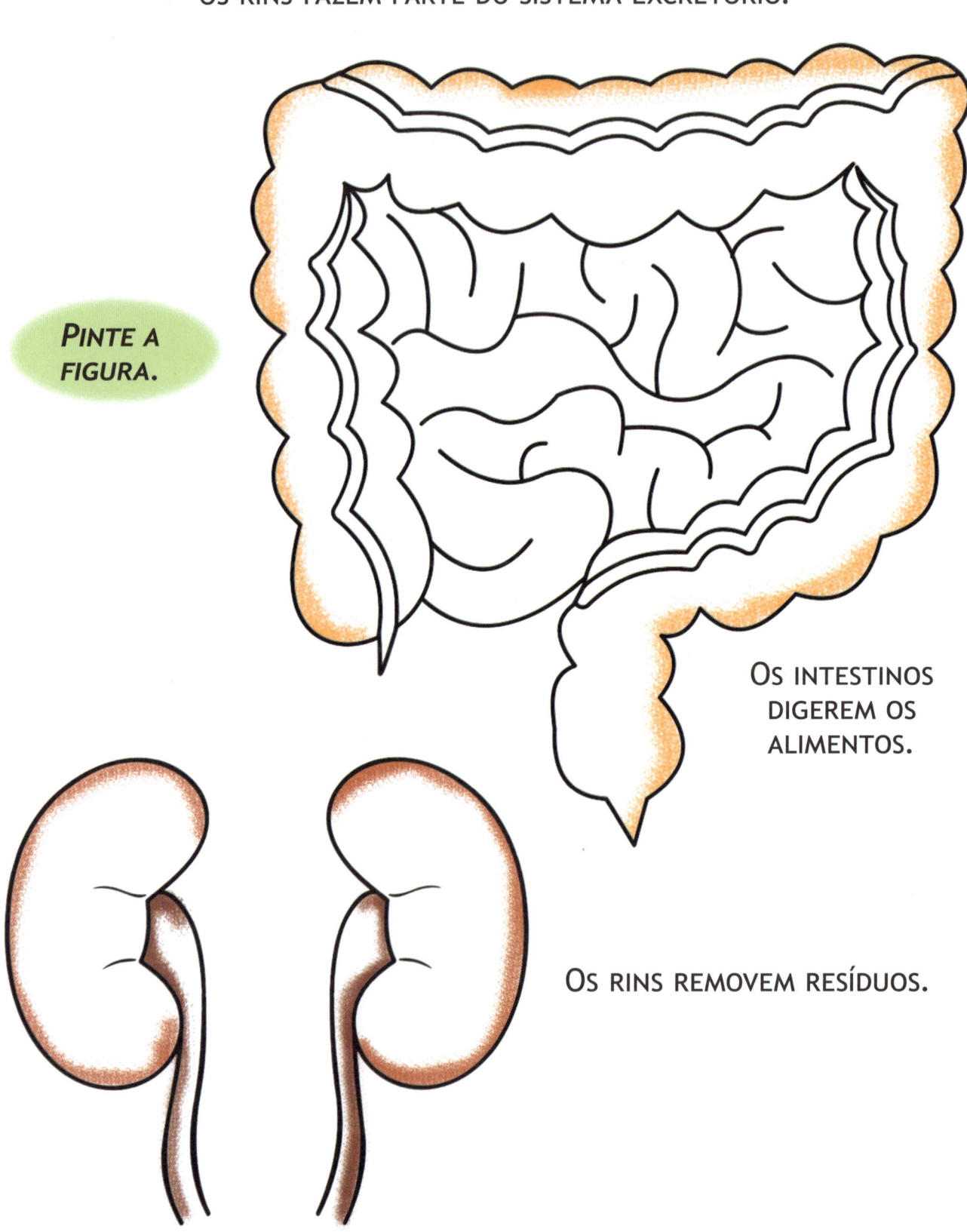

OS INTESTINOS DIGEREM OS ALIMENTOS.

OS RINS REMOVEM RESÍDUOS.

O Sistema Digestório

O SISTEMA DIGESTÓRIO AJUDA NA DECOMPOSIÇÃO DOS ALIMENTOS EM SUBSTÂNCIAS MAIS SIMPLES PARA O CORPO ABSORVER.

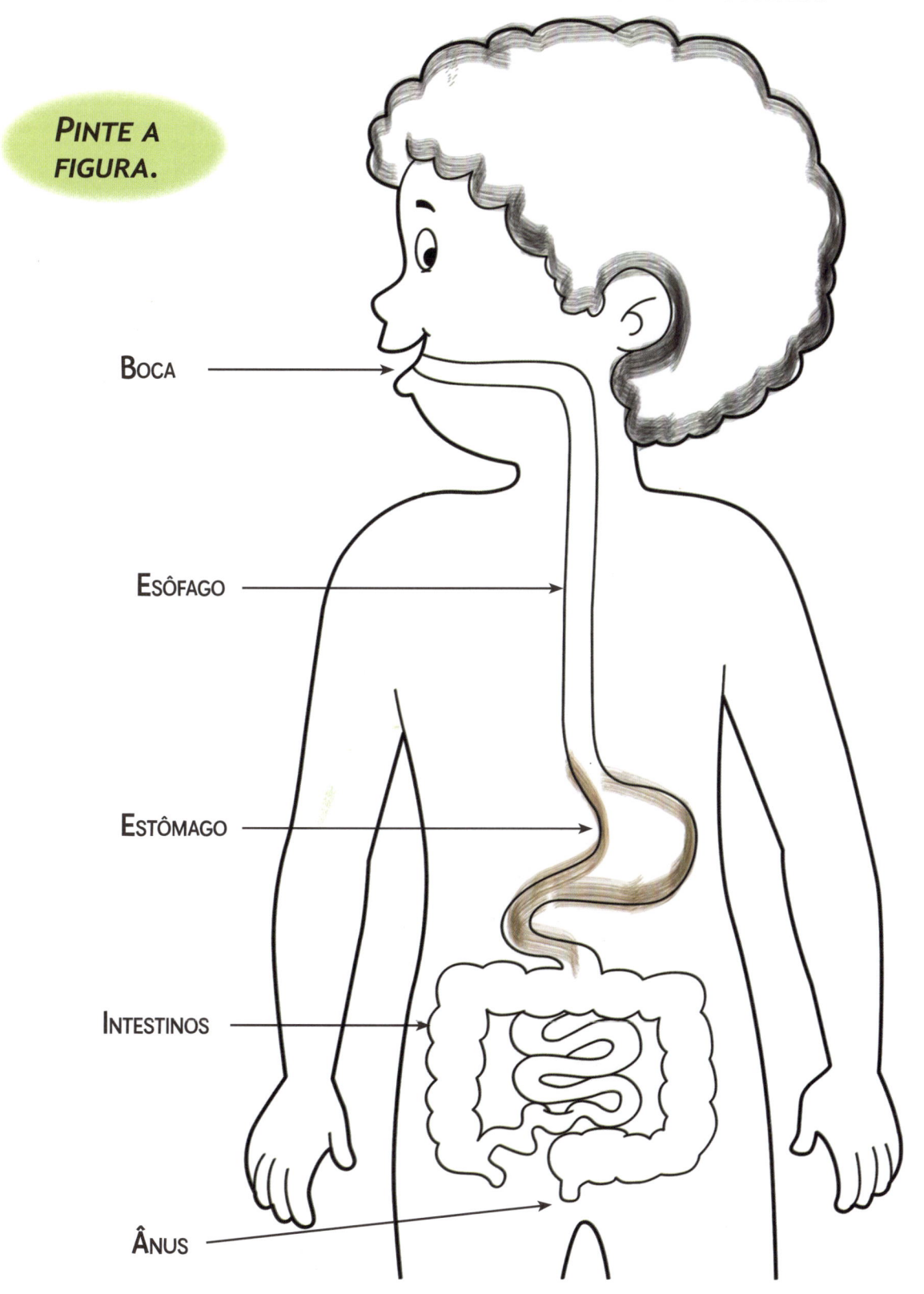

PINTE A FIGURA.

- BOCA
- ESÔFAGO
- ESTÔMAGO
- INTESTINOS
- ÂNUS

CORPO HUMANO

O Sistema Respiratório

O SISTEMA RESPIRATÓRIO AJUDA A LIBERAR ENERGIA PARA FAZER DIFERENTES TAREFAS.

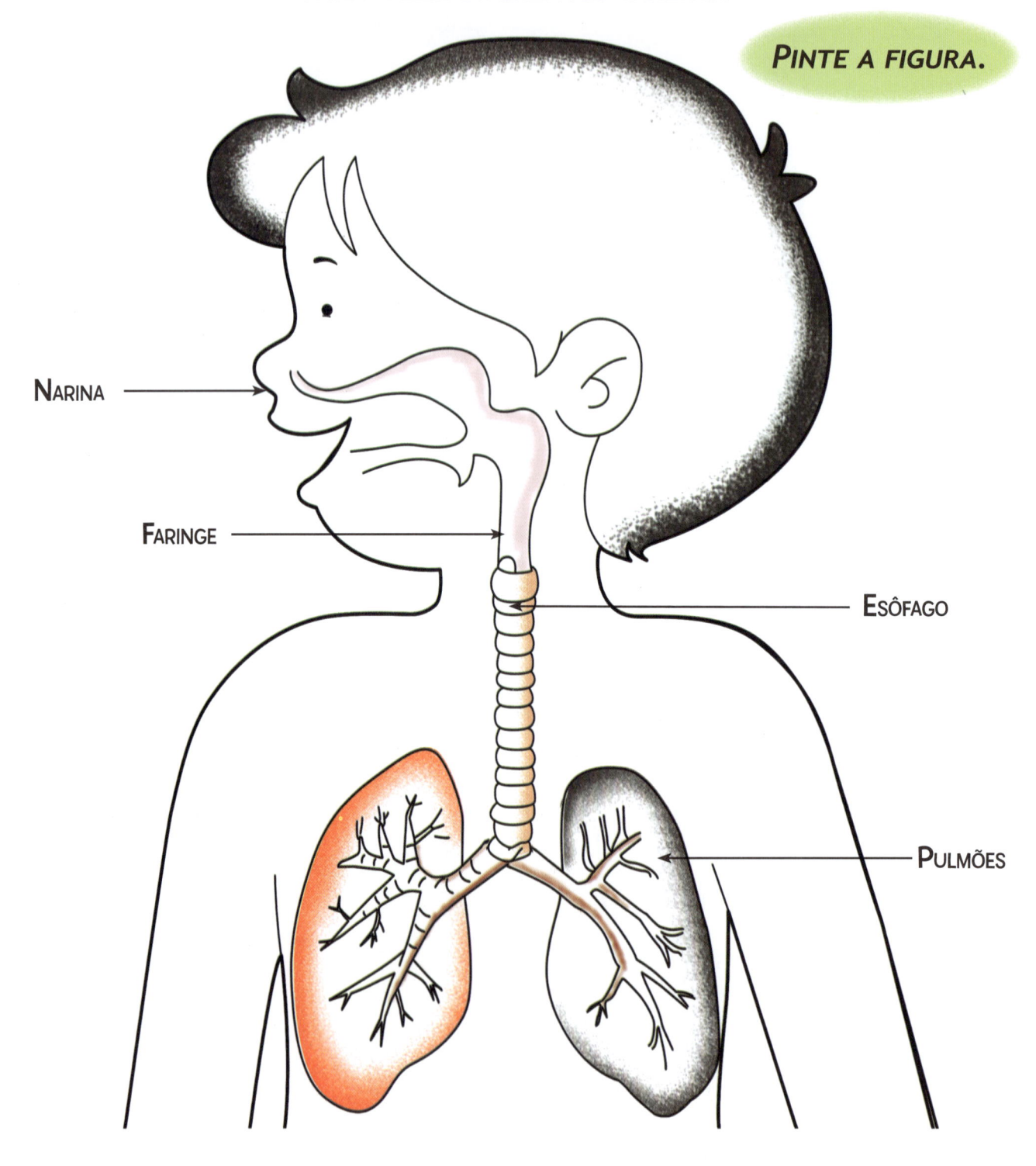

PINTE A FIGURA.

- Narina
- Faringe
- Esôfago
- Pulmões

CORPO HUMANO

O Sistema Esquelético

O sistema esquelético é composto por ossos. Ele dá forma e suistentação ao nosso corpo.

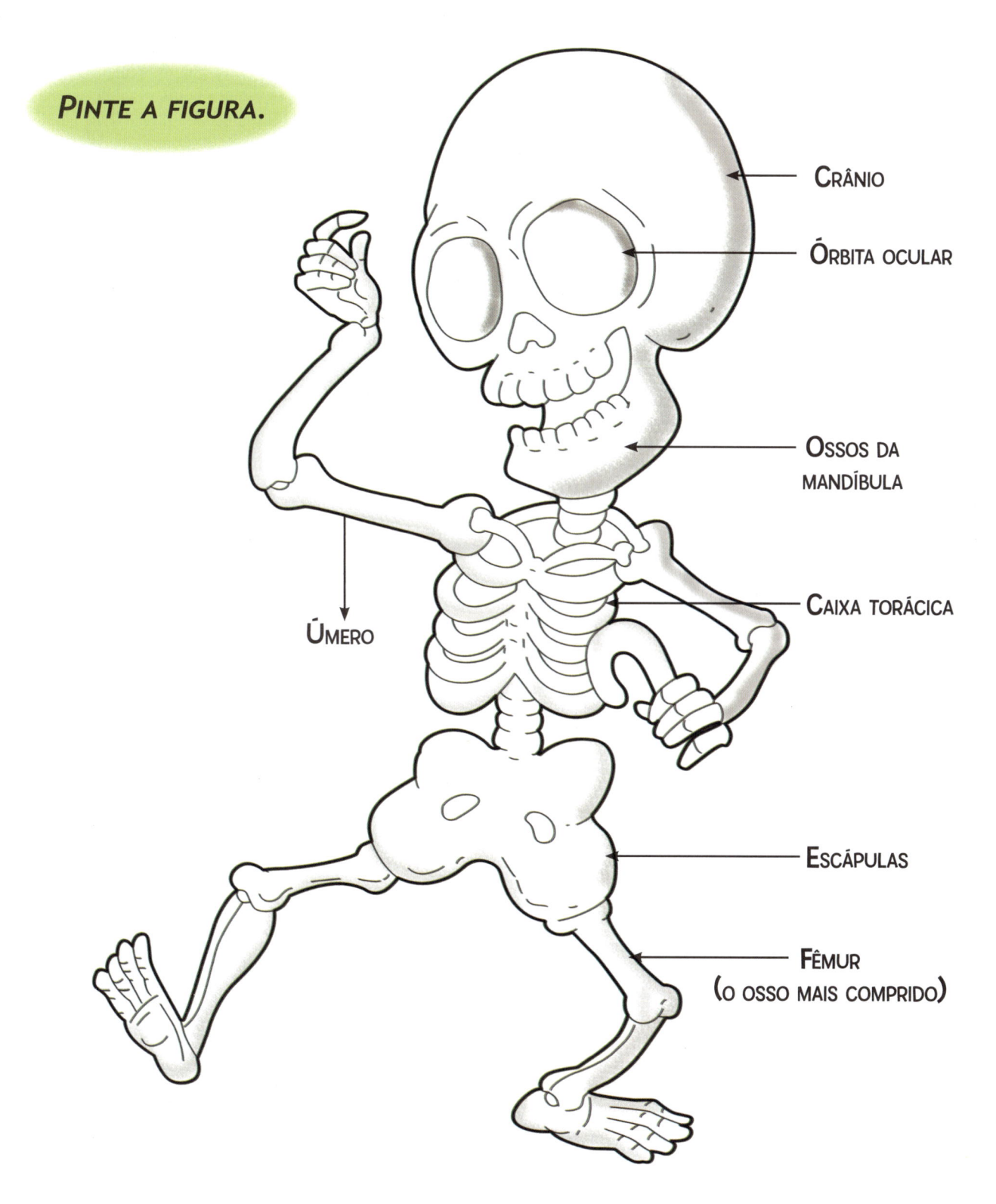

Pinte a figura.

- Crânio
- Órbita ocular
- Ossos da mandíbula
- Caixa torácica
- Úmero
- Escápulas
- Fêmur (o osso mais comprido)

CORPO HUMANO

Ossos e Articulações

Os ossos protegem órgãos delicados em nosso corpo.

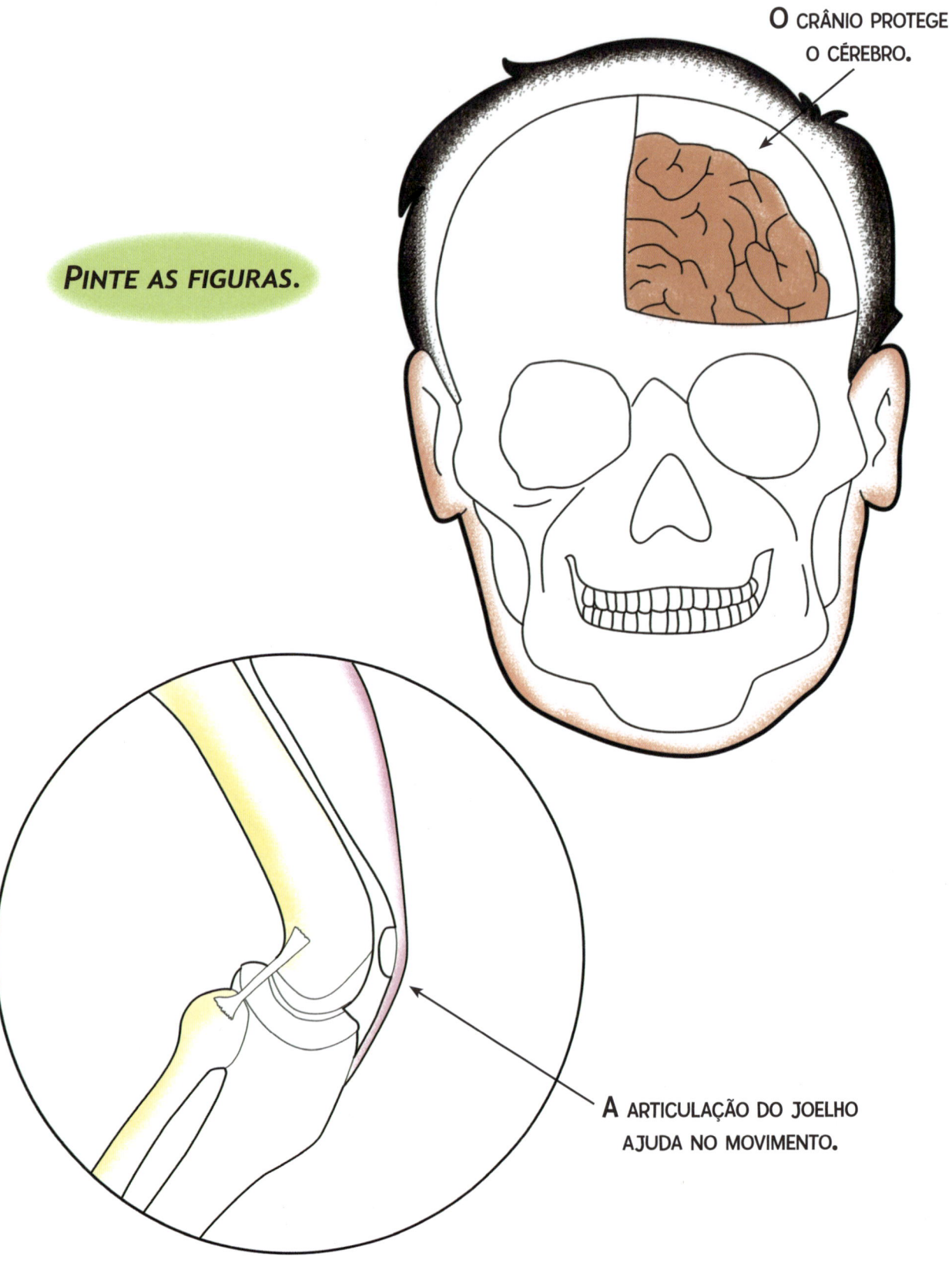

O crânio protege o cérebro.

Pinte as figuras.

A articulação do joelho ajuda no movimento.

Caixa Torácica

O nosso corpo tem dois pulmões: um em cada lado do peito. Uma estrutura óssea, a caixa torácica, protege os pulmões.

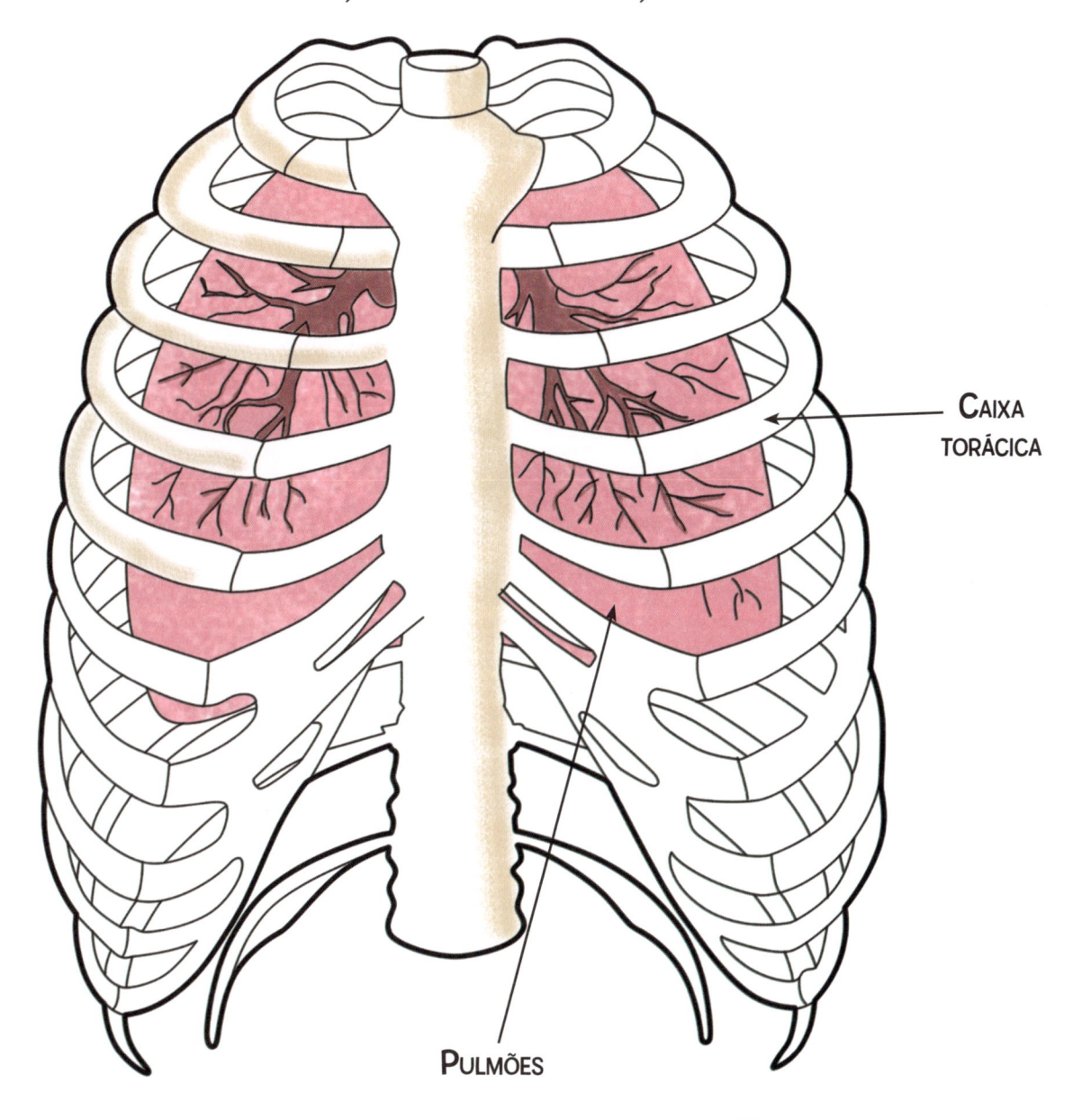

Caixa torácica

Pulmões

O ar entra e sai dos pulmões através de uma coleção de tubos.

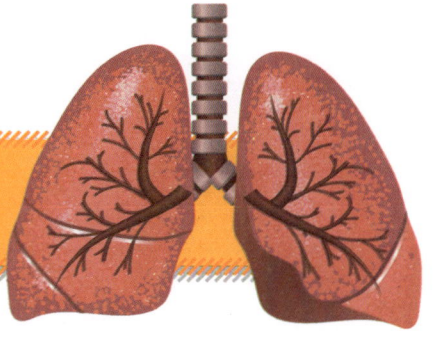

CORPO HUMANO

SANGUE

O SANGUE FLUI EM NOSSO CORPO.
ELE TRANSPORTA NUTRIENTES E GASES E RETIRA OS RESÍDUOS.

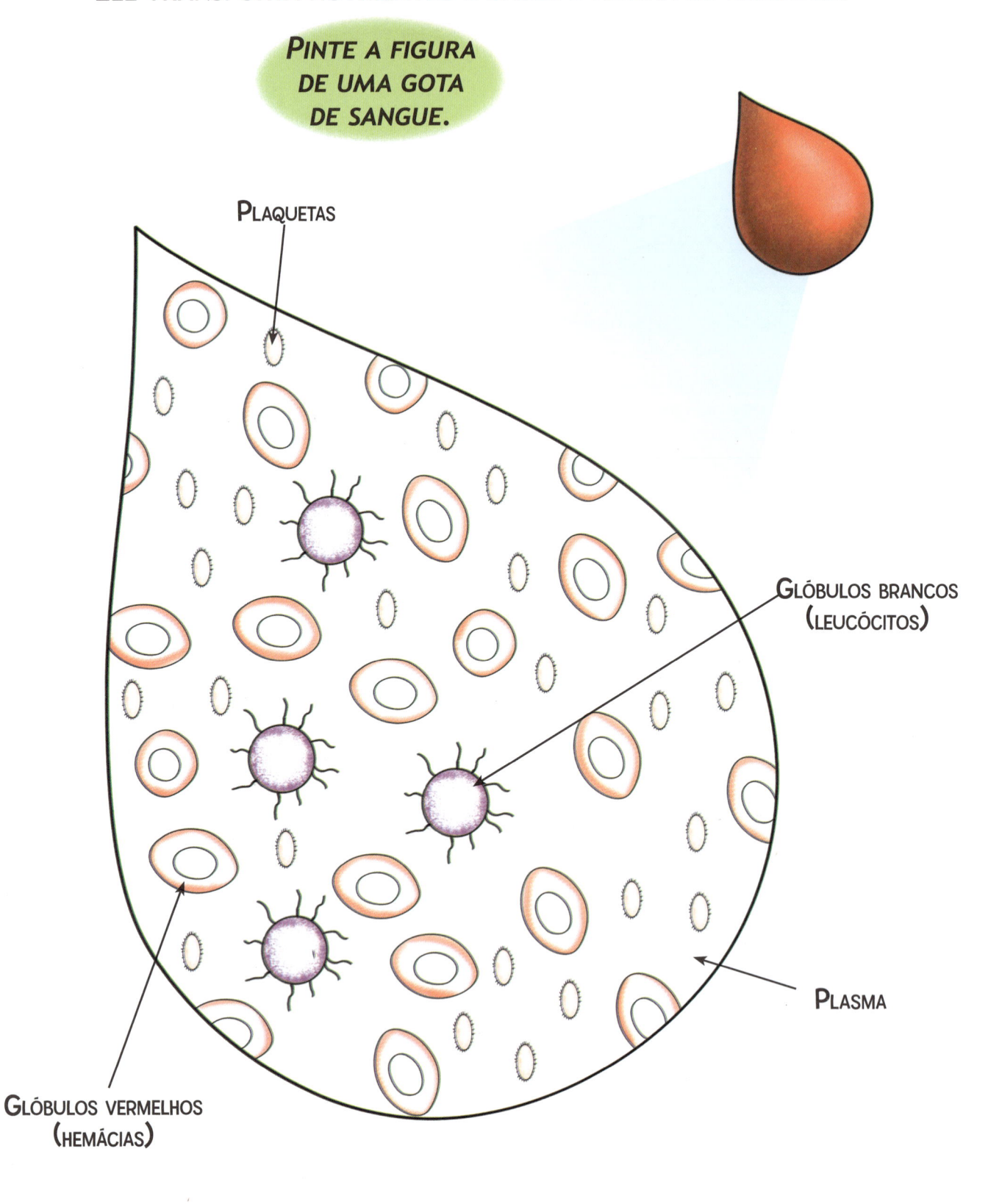

PINTE A FIGURA DE UMA GOTA DE SANGUE.

PLAQUETAS

GLÓBULOS BRANCOS
(LEUCÓCITOS)

PLASMA

GLÓBULOS VERMELHOS
(HEMÁCIAS)

MEDINDO O TAMANHO

Faça linhas para ligar os cachorros ao canil em que cada um caiba.

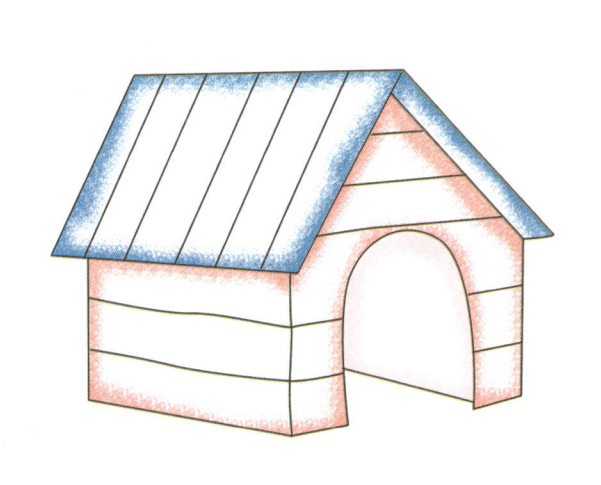

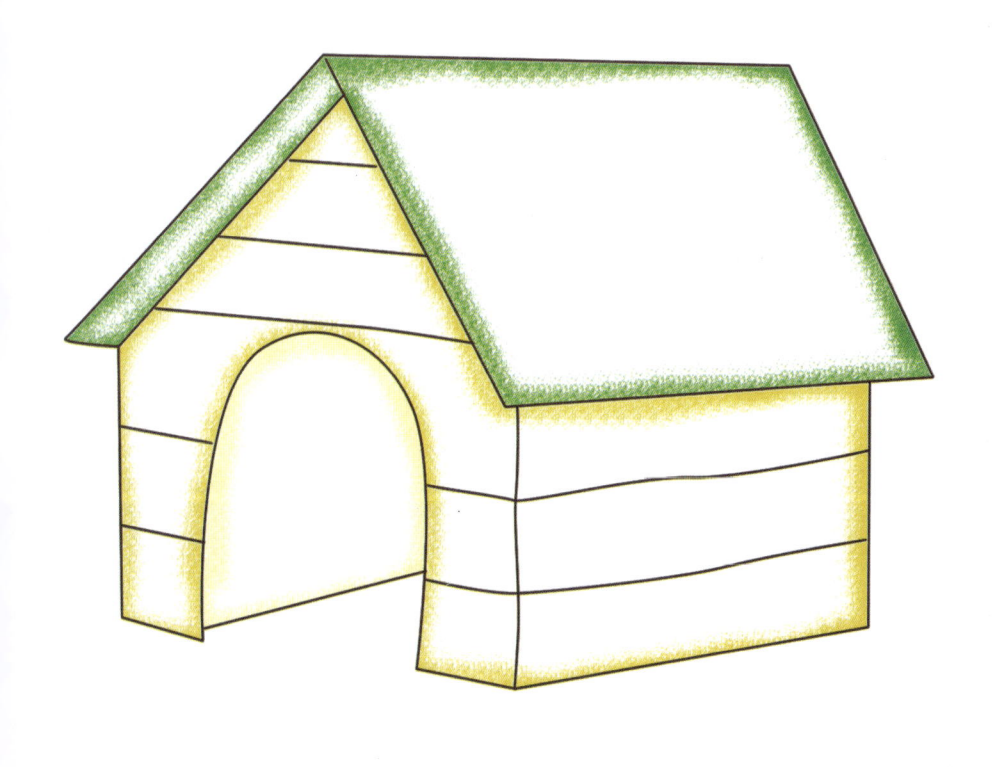

Pinte as figuras.

MEDINDO COISAS

109

MEDINDO O PESO

O PESO É MEDIDO EM GRAMAS, QUILOGRAMAS E MILIGRAMAS.

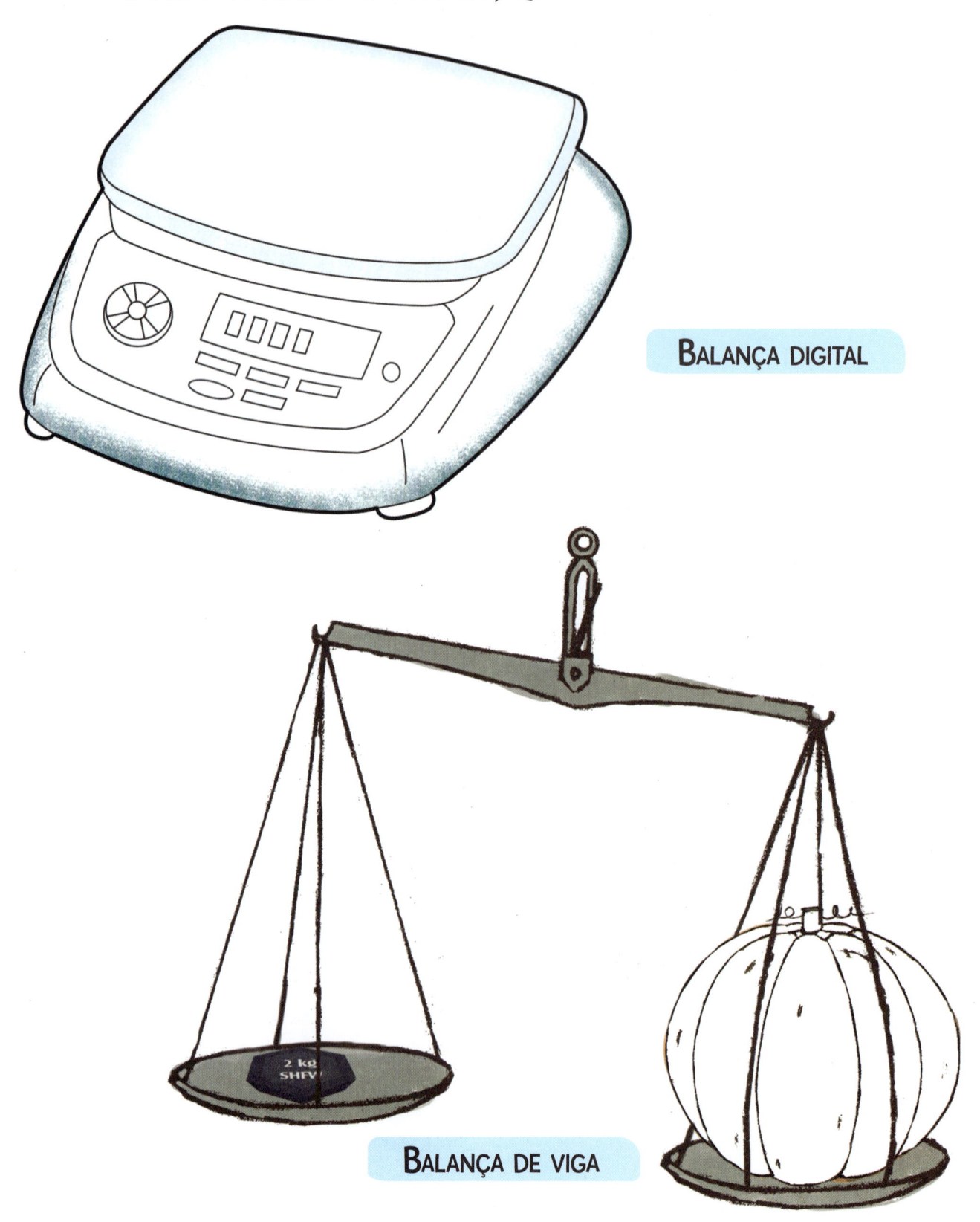

BALANÇA DIGITAL

BALANÇA DE VIGA

MEDINDO COISAS

Medindo o Comprimento

O comprimento é medido em metros, centímetros e quilômetros.

Escreva o comprimento dos objetos. Pinte as figuras.

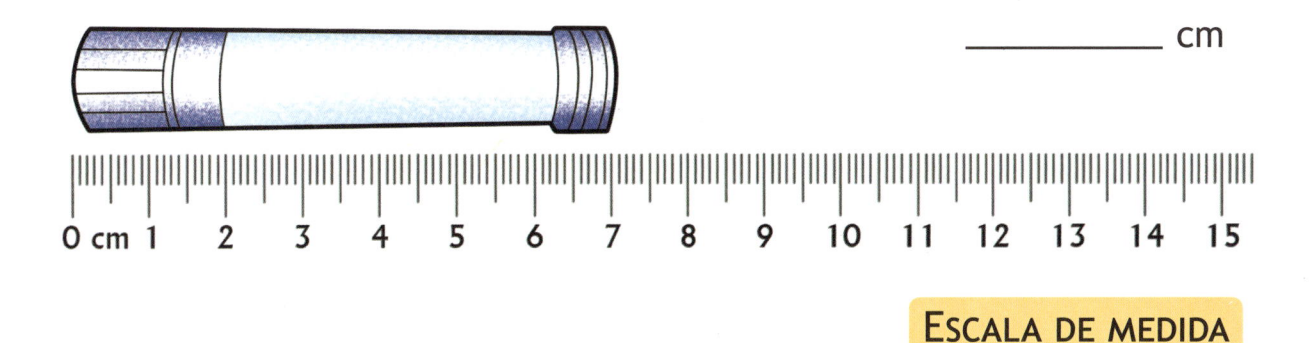

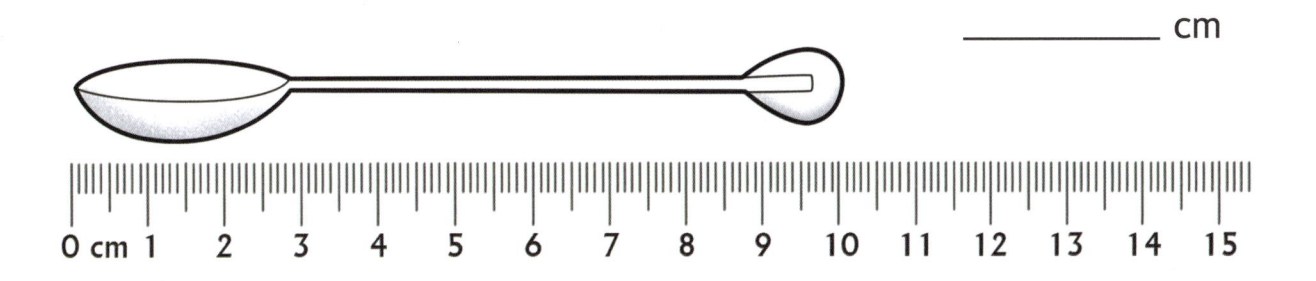

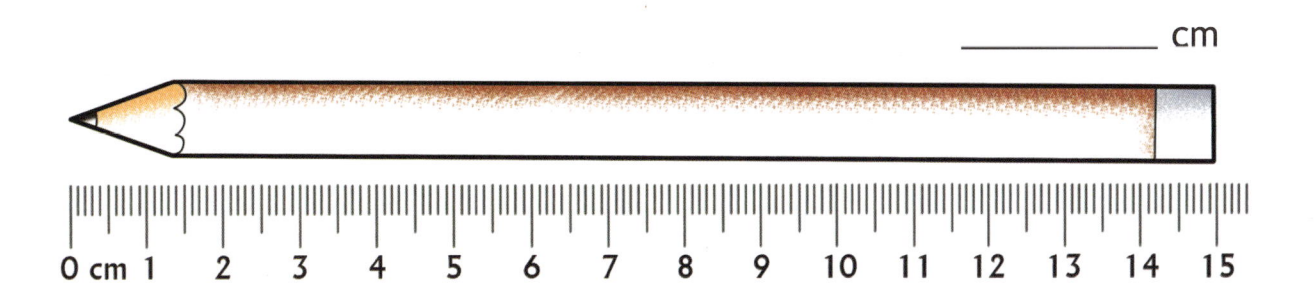

_____ cm

Escala de medida

_____ cm

_____ cm

TERMÔMETRO

UM TERMÔMETRO AJUDA A LER A TEMPERATURA.
A TEMPERATURA NORMAL DO CORPO HUMANO É 37 GRAUS CELSIUS.

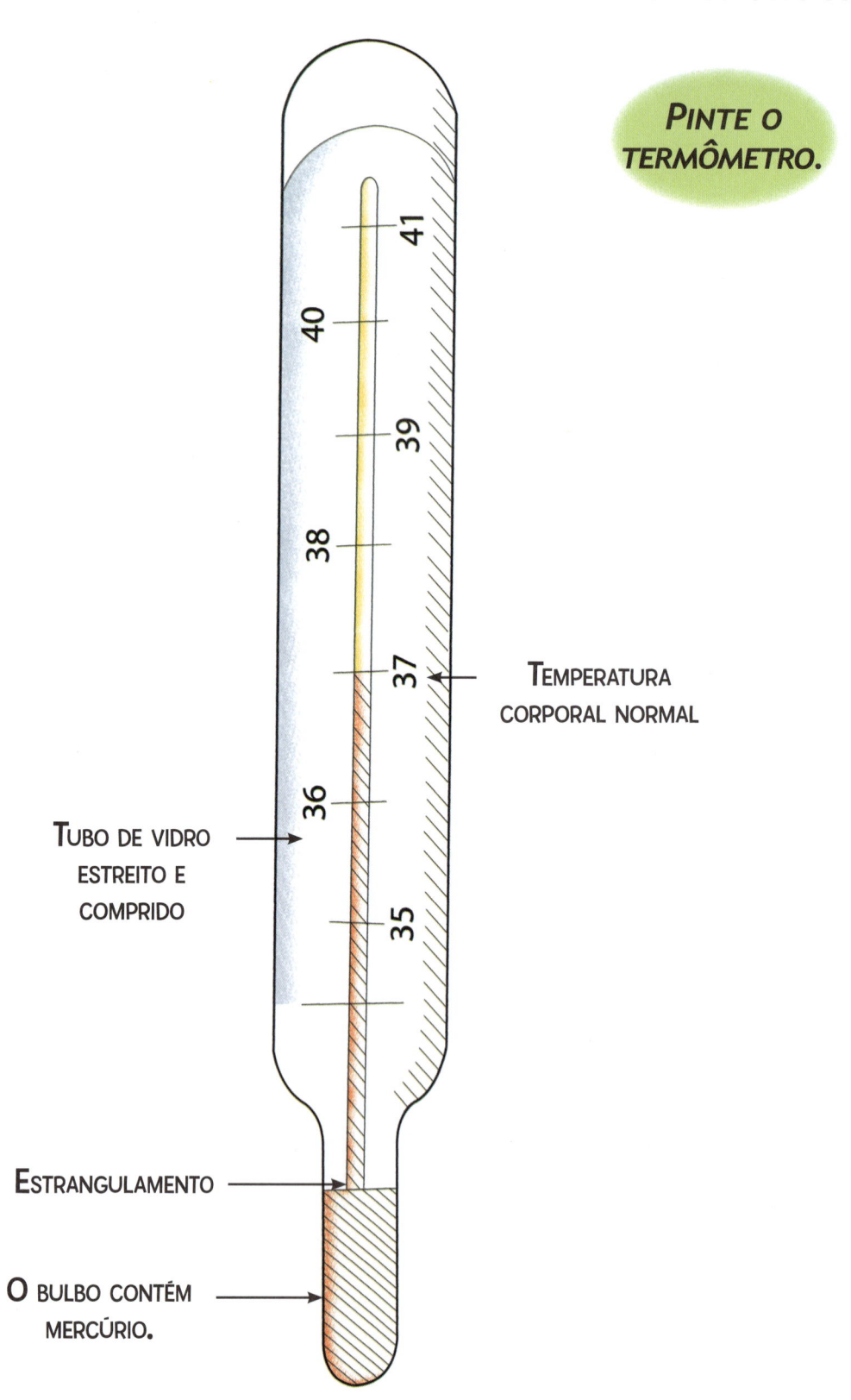

PINTE O TERMÔMETRO.

- TEMPERATURA CORPORAL NORMAL
- TUBO DE VIDRO ESTREITO E COMPRIDO
- ESTRANGULAMENTO
- O BULBO CONTÉM MERCÚRIO.

MEDINDO COISAS

Está Frio Aqui Fora!

É frio no inverno. A neve cai em alguns lugares.

Pinte a figura.

Neve

Boneco de neve

ESTAÇÕES DO ANO

Está Quente Aqui!

É muito quente no verão.

Pinte a figura.

Sorvete

Bebida gelada

ESTAÇÕES DO ANO

114

ISOLAMENTO NA CASA

O ISOLAMENTO DO TELHADO É UMA MANEIRA SIMPLES DE MANTER UMA CONDIÇÃO CONFORTÁVEL DENTRO DE CASA.

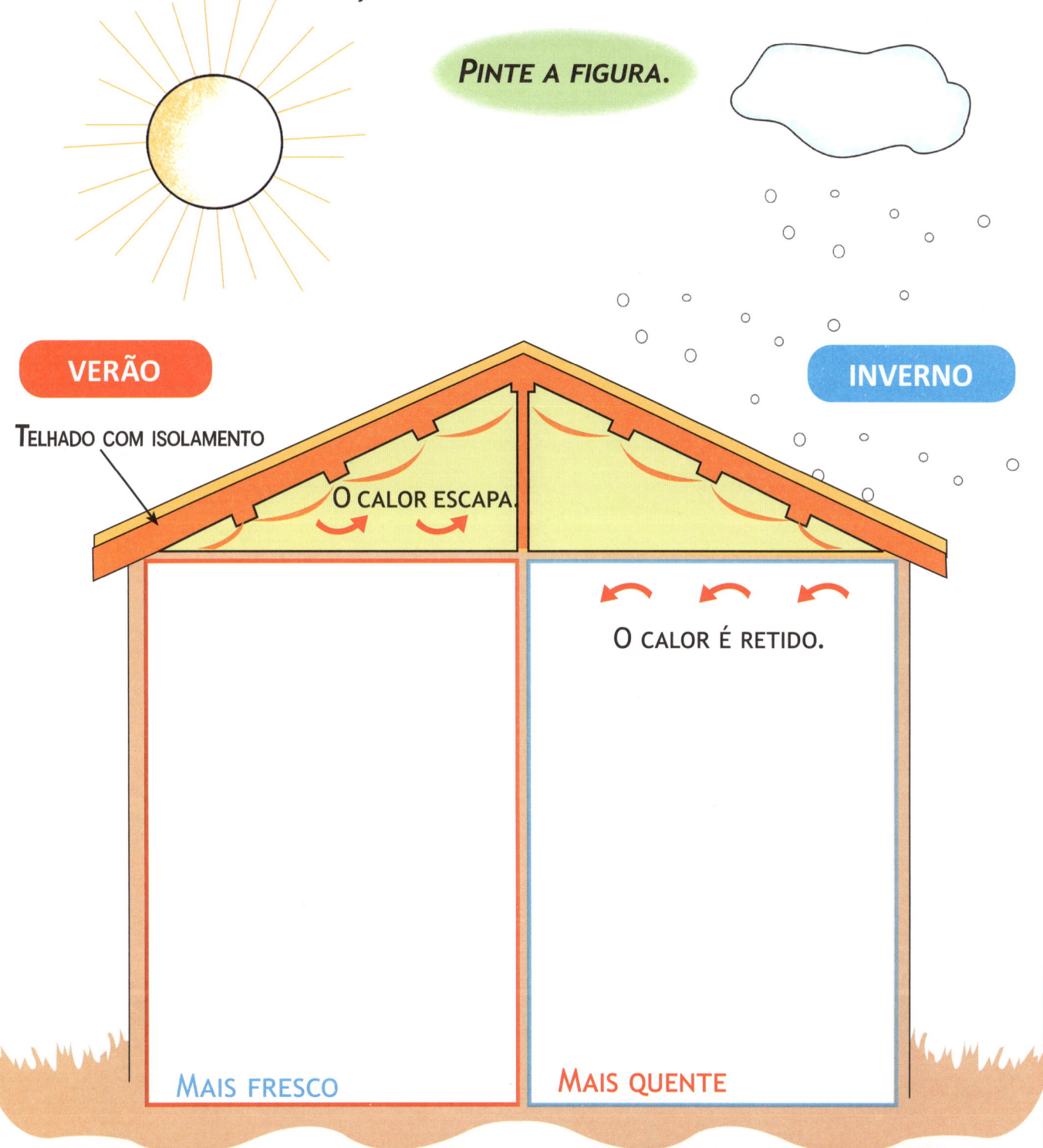

PINTE A FIGURA.

VERÃO

INVERNO

TELHADO COM ISOLAMENTO

O CALOR ESCAPA.

O CALOR É RETIDO.

MAIS FRESCO

MAIS QUENTE

ESTAÇÕES DO ANO

FIBRA DE VIDRO, CELULOSE, LÃ MINERAL E ALUMÍNIO METÁLICO SÃO ALGUNS MATERIAIS ISOLANTES POPULARES.

Está Chovendo

As pessoas usam guarda-chuvas ou vestem capas de chuva quando saem em dias chuvosos.

Pinte a figura.

O guarda-chuva é composto por material à prova d'água.

A capa de chuva é feita de material que não fica molhado.

QUANDO O VENTO SOPRA

VENTOS DE ALTA VELOCIDADE CAUSAM MUITA DESTRUIÇÃO.

PINTE A FIGURA. FAÇA SETAS PARA MOSTRAR A DIREÇÃO EM QUE O VENTO ESTÁ SOPRANDO.

ESTAÇÕES DO ANO

Energia Eólica

A energia eólica é uma fonte de energia alternativa. Um moinho de vento é uma máquina que utiliza a energia eólica para vários propósitos.

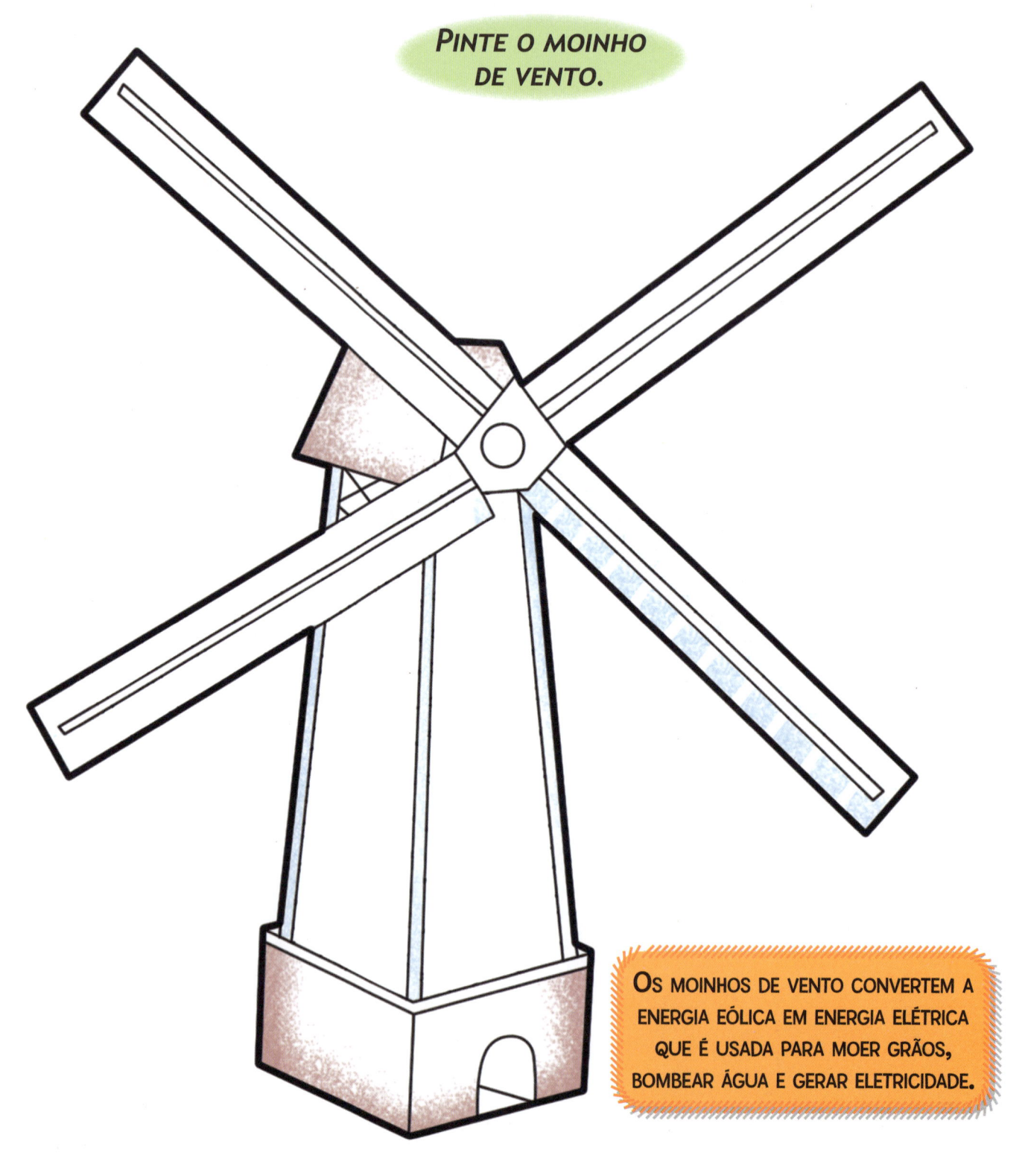

Pinte o moinho de vento.

Os moinhos de vento convertem a energia eólica em energia elétrica que é usada para moer grãos, bombear água e gerar eletricidade.

FORMAS DE ENERGIA

Energia Solar

Um aquecedor solar de água aquece a água absorvendo a radiação de calor do sol. A energia solar é renovável e limpa.

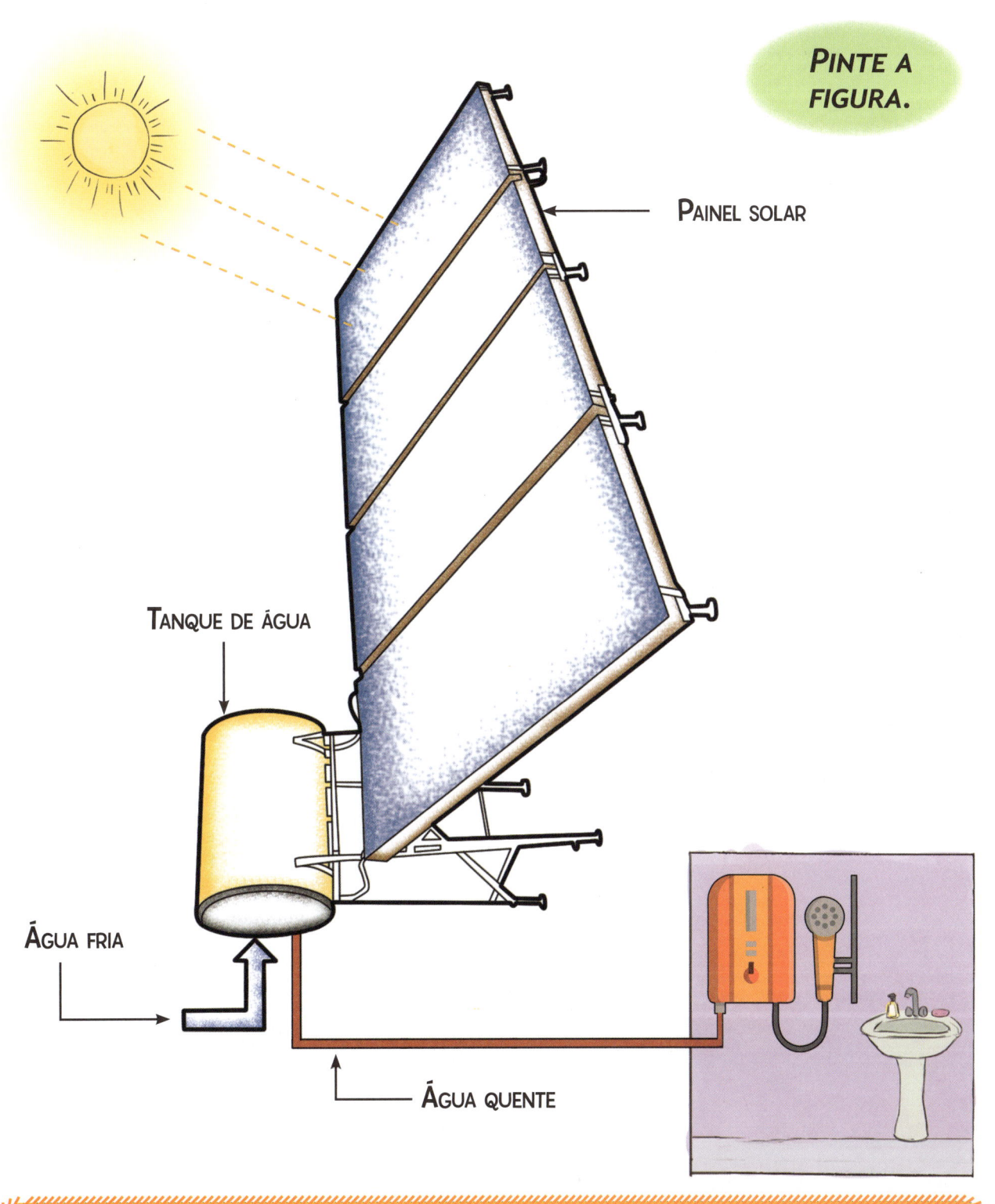

Pinte a figura.

- Painel solar
- Tanque de água
- Água fria
- Água quente

A energia que vem do sol é chamada de energia solar. Ela é limpa e disponível em abundância.

FORMAS DE ENERGIA

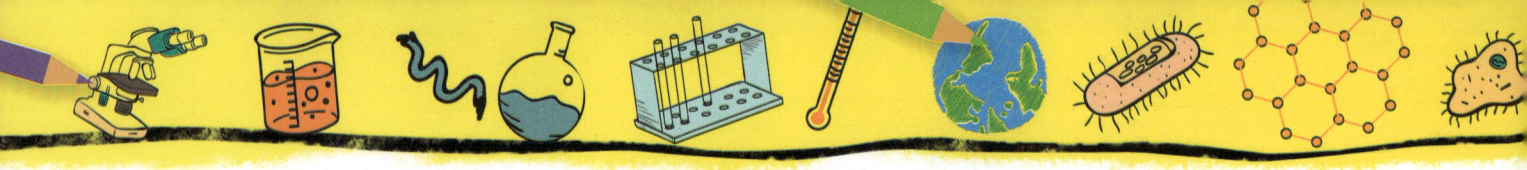

SUBSTÂNCIAS MAGNÉTICAS

As substâncias que são atraídas por um ímã são chamadas de substâncias magnéticas.

ÍMÃ

Pinte os objetos. Circule aqueles que serão atraídos por um ímã.

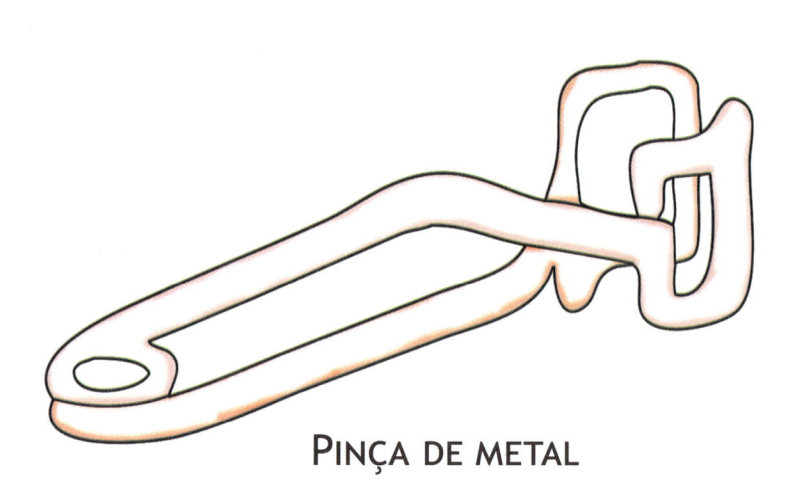

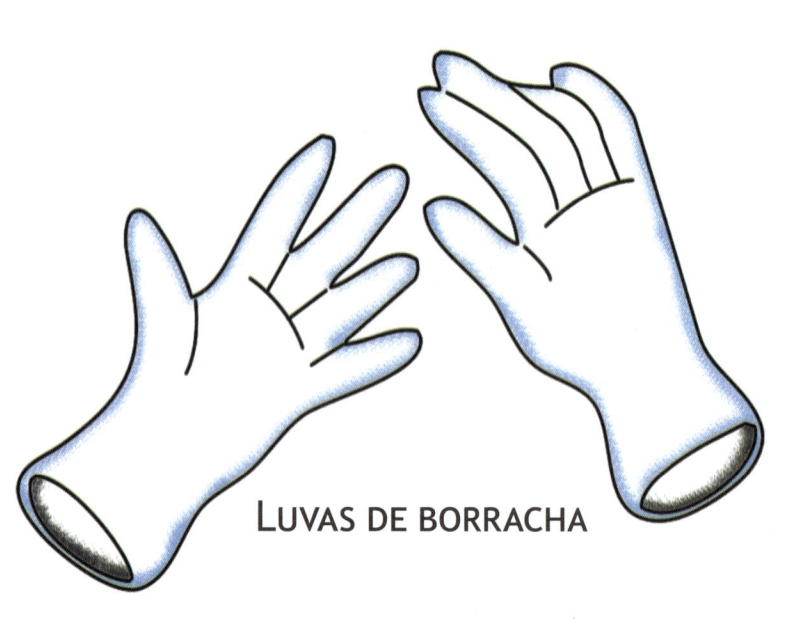

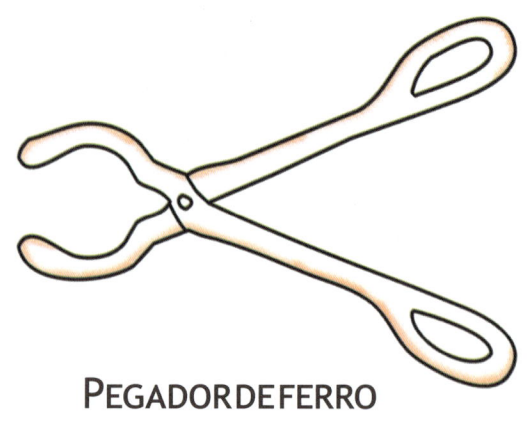

Pinça de metal

Diapasão de aço

Luvas de borracha

Pegador de ferro